地方电厂运行人员技术等级考核题库

第二版

锅 炉 运 行

辽宁省电力工业局 组编　　刘早霞 编

中国电力出版社
www.cepp.com.cn

内 容 提 要

近 10 多年来，全国有一大批地方电厂、企业自备电厂和热电厂的 6～100MW 火力发电机组相继投产，运行岗位新职工和生产人员迅速增加。为了搞好运行生产人员岗位技术培训和技能鉴定，按照部颁《国家职业技能鉴定规范·电力行业》、《电力工人技术等级标准》和《火力发电厂运行岗位规范》以及运行规程的要求，突出岗位重点、注重操作技能、便于考核培训等，组织专家对 1996 年出版的第一版内容进行了全面修订和出版了《地方电厂运行人员技术等级考核题库》（第二版），分为锅炉运行、汽轮机运行、电气运行、热工控制与运行和电厂化学 5 册，并与《地方电厂岗位运行培训教材》（第二版）相配套使用。

本书是《地方电厂运行人员技术等级考核题库（第二版）》（锅炉运行），共分 3 章，内容包括流体力学、工程热力学、热工、电工等通用基础知识，6～100MW 煤粉锅炉、旋风锅炉、层燃锅炉、余热锅炉、循环流化床锅炉等设备和燃料制粉设备、燃烧原理及热平衡、蒸发设备及蒸汽净化、过热器与汽温调节设备、省煤器与空气预热器、锅炉附件、锅炉辅助设备、新设备投产、锅炉运行管理、电站锅炉安全管理与检验等专业知识、设备运行、机组调节、事故处理和操作技能。

全书内容广泛、重点突出，按照锅炉运行主、辅岗位初、中、高三个等级进行编写，分填空、判断、选择、计算、问答等五类题型，并附有答案。

本书是作为全国地方电厂、企业自备电厂和热电厂 6～100MW 火力发电机组、具有高中及以上文化程度的锅炉设备运行的生产人员、工人、技术人员、管理干部以及有关锅炉专业师生等的岗位技能与职业技能的培训认定和晋升技术等级的考核依据。

图书在版编目（CIP）数据

锅炉运行/刘旱霞编：辽宁省电力工业局组编. —2版.
—北京：中国电力出版社，2006.6（2019.5 重印）
地方电厂运行人员技术等级考核题库
ISBN 978-7-5083-4191-0

Ⅰ. 锅…　Ⅱ.①刘…　②辽…　Ⅲ. 锅炉运行-技术培训-习题　Ⅳ. TK227-44

中国版本图书馆 CIP 数据核字（2006）第 023295 号

中国电力出版社出版、发行
（北京市东城区北京站西街 19 号　100005　http://www.cepp.com.cn）
北京雁林吉兆印刷有限公司印刷
各地新华书店经售

*

1996 年 12 月第一版
2006 年 6 月第二版　　2019 年 5 月北京第十次印刷
850 毫米×1168 毫米　32 开本　8.5 印张　223 千字
印数 34031—35530 册　定价 40.00 元

电力工业部水电开发与农村电气化司
关于推荐《地方电厂岗位运行培训教材》一书的通知

（办农电 [1993] 155 号）

各省、市、自治区电力局（农电局）：

　　近些年来，一大批小型供热发电机组相继投产，运行岗位新人员迅速增加。尽快提高运行人员技术素质，是确保地方电厂和电网安全经济运行的当务之急。

　　为了搞好运行人员技术培训，按部颁《国家职业技能鉴定规范·电力行业》、《电力工人技术等级标准》（火力发电部分）和《火力发电厂运行岗位规范》的要求，我司委托辽宁省电力工业局，组织有较深造诣和现场经验丰富的技术人员，经过三年多的时间，编写出一套《地方电厂岗位运行培训教材》，分锅炉、汽轮机、电气、热工、化学等五个专业分册。本教材在收集近年来许多电厂运行资料的基础上，结合地方电厂运行人员的实际水平，在理论上由浅入深，在实际上注重可操作性，是小型火力发电厂运行人员岗位培训和技能鉴定的理想教材。本教材将配有初、中、高三个技术等级的考核题库，可作为认定和晋升技术等级的考核依据。

1993 年 6 月 2 日

电力工业部水电开发与农村电气化司
关于推荐《地方电厂岗位运行培训教材》
一书的通知

（办农电 ［1993］ 155 号）

各省、市、自治区电力局（农电局）：

　　近些年来，一大批小型供热发电机组相继投产，运行岗位新人员迅速增加。尽快提高运行人员技术素质，是确保地方电厂和电网安全经济运行的当务之急。

　　为了搞好运行人员技术培训，按部颁《国家职业技能鉴定规范·电力行业》、《电力工人技术等级标准》（火力发电部分）和《火力发电厂运行岗位规范》的要求，我司委托辽宁省电力工业局，组织有较深造诣和现场经验丰富的技术人员，经过三年多的时间，编写出一套《地方电厂岗位运行培训教材》，分锅炉、汽轮机、电气、热工、化学等五个专业分册。本教材在收集近年来许多电厂运行资料的基础上，结合地方电厂运行人员的实际水平，在理论上由浅入深，在实际上注重可操作性，是小型火力发电厂运行人员岗位培训和技能鉴定的理想教材。本教材将配有初、中、高三个技术等级的考核题库，可作为认定和晋升技术等级的考核依据。

1993 年 6 月 2 日

前　言

近 10 多年来，有一大批地方电厂、企业自备电厂和小型供热发电厂的发电机组相继投产，运行岗位新职工和生产人员迅速增加。尽快提高运行人员的技术水平，是确保地方电厂和电网安全经济运行的当务之急。

为了搞好运行人员技术培训和技能鉴定，参照部颁《国家职业技能鉴定规范·电力行业》、《电力工人技术等级标准》（火力发电部分）和《火力发电厂运行岗位规范》的要求，1993 年受电力工业部水电开发和农村电气化司委托，辽宁省电力工业局组织大连电力学校和一些地方电厂具有丰富现场运行经验和教学经验的工程技术人员和教师，经过三年多的时间，于 1995 年 4 月编写并由中国电力出版社出版了本套《地方电厂岗位运行培训教材（第一版）》，本次是对第一版进行全面修订，并将本套教材分为锅炉运行、汽轮机运行、电气运行、热工控制与运行和电厂化学五个分册。

本套教材根据地方电厂发电设备运行的实际情况和运行人员的特点，从实用性出发，在系统、全面的基础上，依据规范标准，理论突出重点，实践注重技能操作，便于自学、培训和考核，对地方电厂运行工人和生产人员掌握应知专业理论知识和应会操作技能将起很大作用。

本套教材作为从事 6～100MW 火力发电机组运行工作、具有高中文化程度的运行人员培训教材，也可作为电力中等职业学校和技工学校的教材。

为配合本套教材的教学、考核命题以及运行生产人员平时带着问题自学的需要，我们还将对 1996 年底与《地方电厂岗位运行培训教材（第一版）》相配套编写出版的一套《地方电厂运行人员技术等级考核题库（第一版）》进行全面修订，也分为锅炉运行、汽轮机运行、电气运行、热工控制与运行和电厂化学五个分册，并与本套教材的第二版相配套，以满足培训和考核需要。

《地方电厂运行人员技术等级考核题库（第二版）》（锅炉运行）是根据部颁《国家职业技能鉴定规范·电力行业》、《电力工人技术等级标准》（火力发电部分）和《火力发电厂运行岗位规范》的要求，结合地方电厂现状进行编写的，是作为地方电厂、企业自备电厂和热电厂6~100MW火力发电机组锅炉运行人员的岗位技能与职业技能的培训认定和晋升技术等级的考核依据。

《地方电厂运行人员技术等级考核题库（第二版）》（锅炉运行）由大连电力学校刘早霞编写，庞经颢主审。

由于编者水平和经历有限，书中难免存在不妥之处，希望读者批评指正。

编　者
2005 年 12 月

目　录

第一章 基 础 知 识

第一节 初 级 工

一、填空题

1. 流体是____①____和____②____的总称。

答：①液体；②气体。

2. 在压力一定时，流体的密度随温度的增加而____①____；当温度一定时，流体的密度随压力的增加而____②____。

答：①减小；②增大。

3. 流体的体积随它所受压力的增加而____①____；随温度的升高而____②____。

答：①减小；②增大。

4. 1 个工程大气压 = _____ Pa。

答：9.80665×10^4。

5. 流体的静压力总是与作用面____①____并指向____②____。

答：①垂直；②作用面。

6. 理想流体是一种假想的没有_____的流体。

答：黏性。

7. 流体运动的基本要素是____①____和____②____。

答：①压力；②流速。

8. 管道产生的阻力损失分为____①____阻力损失和____②____阻力损失两种。

答：①沿程；②局部。

9. 管道内流体的流动状态分为____①____和____②____两种。

答：①层流；②紊流。

10. 理想流体的伯努利方程是_____。

答：$Z_1 + \dfrac{p_1}{\rho g} + \dfrac{u_1^2}{2g} = Z_2 + \dfrac{p_2}{\rho g} + \dfrac{u_2^2}{2g}$。

11. 工质的基本状态参数是指 __①__ 、 __②__ 、 __③__ 。

答：①温度；②压力；③比体积。

12. 对于任何一种气体，标准状态下的气体体积皆为 _____。

答：22.4m³。

13. 标准状态是指压力为 __①__ 、温度为 __②__ 的状态。

答：①1 物理大气压；②0℃。

14. 比热容是指单位质量的物质温度升高 __①__ 所吸收或放出的 __②__ 。

答：①1℃；②热量。

15. 气体的内能包括 __①__ 和 __②__ ，对于理想气体的内能仅为 __③__ 。

答：①内动能；②内位能；③内动能。

16. 水蒸气在定压吸热过程中，存在着 __①__ 、 __②__ 、 __③__ 三种过程。

答：①未饱和水变成饱和水；②饱和水变成饱和蒸汽；③饱和蒸汽变成过热蒸汽。

17. 提高朗肯循环的 __①__ 、 __②__ 和降低 __③__ ，可使循环的热效率增加。

答：①初温；②初压；③排汽压力。

18. 工程上常用的两种温标是 __①__ 温标和 __②__ 温标。它们分别用符号 __③__ 和 __④__ 表示，测量单位分别为 __⑤__ 和 __⑥__ 。

答：①摄氏；②热力学；③t；④T；⑤摄氏度（℃）；⑥开尔文（K）。

19. 大气压力随 __①__ 、 __②__ ，空气的 __③__ 和 __④__ 的变化而变化。

答：①时间；②地点；③湿度；④温度。

20. 热量传递的三种方式是 ① 、 ② 、 ③ 。

答：①导热；②对流；③辐射。

21. 直接接触的物体各部分间的热交换过程称 _____ 。

答：导热。

22. 热量的传递发生过程总是由物体的 ① 传向 ② 。

答：①高温部分；②低温部分。

23. 锅炉受热面表面积灰或结渣，会使管内介质与烟气热交换时的传热量 ① ，因为灰渣的 ② 小。

答：①减小；②热导率。

24. 玻璃管水银温度计是由 ① 、 ② 、 ③ 三部分组成，其测温范围为 ④ 。

答：①感温包；②毛细管；③刻度尺；④ – 30 ~ 400℃。

25. 压力式温度计是由 ① 、 ② 和 ③ 组成。其介质压力随介质 ④ 的变化而变化，从测得的 ⑤ 反映出相应的 ⑥ 。

答：①感应包；②细管；③指示仪表；④温度；⑤压力；⑥温度。

26. 热电偶分为 ① 热电偶和 ② 热电偶两种。

答：①普通型；②铠装。

27. 热电阻温度计是应用金属导体的 ① 随温度变化的规律制成的。

答：电阻。

28. 弹性压力表分为 ① 和 ② 两种。

答：①弹簧管压力表；②膜盒式压力表。

29. 可以转变为电能的有 ① 能、 ② 能、机械能、光能、原子能等[1]。

答：①化学能；②热能。

30. 电荷分为 ① 电荷、 ② 电荷两种，电荷间有吸引力，同性 ③ ，异性 ④ 。

答：①正；②负；③相斥；④相吸。

31. 导电性能好的金属材料有 ___①___ 、 ___②___ 、 ___③___ 。

答：①银；②铜；③铝。

32. 单位正电荷由高电位移向低电位时，___①___力对它所做的功叫电压，单位是 ___②___ 。

答：①电场；②伏 [特]（V）。

33. 欧姆定律指出：通过电阻元件的电流与电阻两端的电压成 ___①___ 比，而与电阻成 ___②___ 比。

答：①正；②反。

二、判断题（在题末括号内作出记号：√表示对，×表示错）

1. 流体是指水和空气。（   ）

答：×。

2. 流体能流动是由于流体分子之间的吸引力较大的缘故。（   ）

答：×。

3. 单位体积的流体所具有的质量称流体的密度。（   ）

答：√。

4. 绝对压力是用压力表实际测得的压力。（   ）

答：×。

5. 大气压力就是地球表面大气自重所产生的压力，它不受时间、地点变化的影响。（   ）

答：×。

6. 以大气压力为零算起时的压力称为表压力。（   ）

答：√。

7. MPa 是工程单位制压力单位。（   ）

答：×。

8. 液体和气体的黏滞性系数均随着温度的升高而降低。（   ）

答：×。

9. 若某管道内流体的流量为 50m³/h，它指的是体积流量。

(　　)

　　答：√。

10. 当温度一定时，流体的密度随压力的增加而增加。
(　　)

　　答：√。

11. 单位质量的工质所具有的容积称为比体积。(　　)

　　答：√。

12. 在重力作用下的静止液体中任意一点的静压力等于自由表面上的压力 p_0，加上该点距自由表面的高度 h 与液体密度 ρ、重力加速度 g 的乘积。(　　)

　　答：√。

13. 稳定流动是指流体中任一点的压力和流速不随时间变化而只随空间位置的不同而变化。(　　)

　　答：√。

14. 流体流过没有阀门的管道时，不会产生局部阻力损失。
(　　)

　　答：×。

15. 由于压力的急剧变化，从而造成管道内流体的流速显著地反复变化的现象称为水锤。(　　)

　　答：×。

16. 工质的基本状态参数有温度、压力和比容，它们不能通过仪表直接测量。(　　)

　　答：×。

17. 火力发电厂中的所有气体均可看成是理想气体。(　　)

　　答：×。

18. 气体的比热容只随气体种类的变化而变化。(　　)

　　答：×。

19. 两个物体的质量不同，比热容相同，则热容量相等。
(　　)

　　答：×。

20. 物质的温度越高，其热量也越大。（　　）

答：×。

21. 水沸腾时的温度即是饱和温度。（　　）

答：√。

22. 当水加热至饱和温度时继续定压加热，则温度升高，蒸汽量增多。（　　）

答：×。

23. 朗肯循环过程，在凝汽器中属于吸热过程。（　　）

答：×。

24. 热力学第一定律实际上就是能量守恒与转换定律。（　　）

答：√。

25. 卡诺循环是由两个等温过程和两个等熵过程组成的。（　　）

答：√。

26. 在热力循环中同时提高初温、初压，循环热效率的增加才最大。（　　）

答：√。

27. 锅炉炉墙的散热量是夏天比冬天多。（　　）

答：×。

28. 流体与壁面间温差越大，换热面积越大，对流换热热阻越大，则换热量也应越大。（　　）

答：×。

29. 导热系数在数值上等于沿着导热方向每米长度上温差 $1℃$ 时，每小时通过壁面传递的热量。（　　）

答：√。

30. 炉内火焰辐射能量与其绝对温度的平方成正比。（　　）

答：×。

31. 孔板、喷嘴、云母水位计都是根据节流原理来测量的。（　　）

答：×。

32. 热电厂中，空气流量的测量多采用孔板。（　　）

答：×。

33. 玻璃管液体温度计是根据液体体积随温度的变化而变化的原理制成的。（　　）

答：√。

34. 测量引风机、送风机轴瓦温度一般采用压力式温度计。（　　）

答：×。

35. 压力式温度计指示仪表与测点相距越远，则测量误差越小。（　　）

答：×。

36. 用热电偶温度计测量的温度与制作热电偶用的材料没有关系。（　　）

答：×。

37. 热电偶必须由两种材料构成。（　　）

答：√。

38. 调节器的放大系数大，调节比较灵敏，且稳定性好。（　　）

答：×。

39. 测量锅炉尾部烟气含氧量的氧化锆探头通常安装在空预器烟气出口的烟道上。（　　）

答：×。

40. 膜盒式风压表属于低压仪表，既可测正压也可测负压。（　　）

答：√。

41. 差压式流量表是根据节流造成压差的原理制成的。（　　）

答：√。

42. 规定以正电荷运动的方向作为电流的方向，它与电子运

动的方向相同。（　　）

答：×。

43. 短路时，短路点的电阻等于零，电路中出现比正常工作时大得多的电流，使电源和有关电气设备烧坏。（　　）

答：√。

44. 在电路中，A、B两点间的电压与B、A两点间的电压相等。也就是说，电压与方向无关。（　　）

答：×。

45. 电阻的串联是指把电阻一个接一个成串地连接起来，中间没有分支，各电阻流过同一电流的连接方式。（　　）

答：√。

三、选择题［将正确答案的序号"（×）"写在题内横线上］

1. 10个工程大气压等于_____MPa。

（1）9.8；（2）0.98；（3）0.098。

答：（2）。

2. 压力的法定计量单位名称是_____。

（1）mmH_2O；（2）bar；（3）Pa。

答：（3）。

3. 流体的静压力总是与作用面_____。

（1）平行；（2）相交；（3）垂直且指向作用面。

答：（3）。

4. 绝对压力就是_____。

（1）容器内工质的真实压力；（2）压力表所指示的压力；（3）真空表所指示压力。

答：（1）。

5. 液体的黏滞性系数随着温度的升高而_____。

（1）降低；（2）升高；（3）不变。

答：（1）。

6. 静止流体中，压力在垂直方向的变化率等于流体的_____。

（1）比重；（2）密度；（3）密度与重力加速度的乘积。

答：（3）。

7. 单位时间内，通过与管内液流方向相垂直的断面的液体的体积数，称为液体的_____。

（1）质量流量；（2）体积流量；（3）流速。

答：（2）。

8. 气体比容和密度的关系是_____。

（1）$v = \rho$；（2）$v = \dfrac{1}{\rho}$；（3）$v = 5\rho$。

答：（2）。

9. 流体静力学基本方程式为_____。

（1）$p = p_0 + \gamma h$；（2）$p = p_0 + h$；（3）$p = \gamma h$。

答：（1）。

10. 流体在管道内的流动阻力分为_____两种。

（1）流量孔板阻力、水力阻力；（2）沿程阻力、局部阻力；（3）摩擦阻力、弯头阻力。

答：（2）。

11. 在除灰管道系统中，流动阻力存在的形式是_____。

（1）只有沿程阻力；（2）只有局部阻力；（3）沿程和局部阻力都有。

答：（3）。

12. 流体流动时引起能量损失的主要原因是_____。

（1）流体的压缩性；（2）流体的膨胀性；（3）流体的黏滞性。

答：（3）。

13. 流体运动的两种重要参数是_____。

（1）压力、温度；（2）压力、速度；（3）比容、密度。

答：（2）。

14. 单位质量的物质，温度升高或降低 1℃时，所吸收或放出的热量，称为该物质的_____。

(1) 比热容；(2) 热能；(3) 热容量。

答：(1)。

15. 把饱和水加热到干饱和蒸汽所加的热量叫_____。

(1) 过热热；(2) 汽化热；(3) 液体热。

答：(2)。

16. 热力学温度的单位符号是_____。

(1) K；(2) ℃；(3) F。

答：(1)。

17. 对于同一种气体，定压比热容_____定容比热容。

(1) 大于；(2) 小于；(3) 等于。

答：(1)。

18. 不含水分的饱和蒸汽称为_____。

(1) 湿饱和蒸汽；(2) 干饱和蒸汽；(3) 过热蒸汽。

答：(2)。

19. 通常规定标准状态下气体的焓等于_____。

(1) 零；(2) 1kJ/kg；(3) 10kJ/kg。

答：(1)。

20. 由热力学第二定律可知，循环热效率_____。

(1) 大于1；(2) 小于1；(3) 等于1。

答：(2)。

21. 热力发电厂中最基本的热力循环是_____。

(1) 朗肯循环；(2) 卡诺循环；(3) 回热循环。

答：(1)。

22. 凝汽器内蒸汽的凝结过程是蒸汽的_____。

(1) 吸热过程；(2) 放热过程；(3) 绝热过程。

答：(2)。

23. 受热面定期吹灰的目的是_____。

(1) 减小热阻；(2) 降低受热面的壁温差；(3) 降低工质温度。

答：(1)。

24. 在热电厂中最常用的流量测量仪表是_____。

(1) 容积式流量计；(2) 差压式流量计；(3) 累积式流量计。

答：(2)。

25. 下列_____是法定计量单位。

(1) 米；(2) 公尺；(3) 公分。

答：(1)。

26. 表征仪表的主要质量指标之一是_____。

(1) 绝对误差；(2) 相对误差；(3) 基本误差。

答：(3)。

27. 热电偶测温原理是基于_____。

(1) 热阻效应；(2) 热磁效应；(3) 热电效应。

答：(3)。

28. 氧化锆氧量计要得到准确的测量结果，其工作温度为_____左右。

(1) 300℃；(2) 500℃；(3) 800℃。

答：(3)。

29. 磨煤机轴瓦温度采用_____测量。

(1) 玻璃管温度计；(2) 压力式温度计；(3) 热电偶温度计。

答：(1)。

30. 过热器出口蒸汽温度一般采用_____测量。

(1) 玻璃管温度计；(2) 压力式温度计；(3) 热电偶温度计。

答：(3)。

31. 排烟温度一般采用_____测量。

(1) 压力式温度计；(2) 热电偶温度计；(3) 热电阻温度计。

答：(3)。

32. _____是根据汽与水的电导率不同测量水位的。

（1）云母水位计；（2）低置水位计；（3）电触点水位计。

答：（3）。

33. 三冲量给水调节系统中用＿＿＿信号作为前馈信号。

（1）给水流量；（2）负荷；（3）蒸汽流量。

答：（3）。

34. 调节系统最重要的品质指标是＿＿＿。

（1）稳定性；（2）准确性；（3）快速性。

答：（1）。

35. 现代科学技术所能达到的最高准确度等级是＿＿＿。

（1）计量标准器具；（2）国家基准；（3）工作计量器具。

答：（2）。

36. ＿＿＿的绝缘性能较好。

（1）铜；（2）银；（3）橡胶。

答：（3）。

37. 交流电频率的单位是＿＿＿。

（1）秒（s）；（2）赫［兹］（Hz）；（3）伏［特］（V）。

答：（2）。

38. 电动势的方向与电压的方向＿＿＿。

（1）相同；（2）相反；（3）既不相同也不相反。

答：（1）。

39. 在一定温度下，导体的电阻与导体的长度成＿＿＿。

（1）正比；（2）反比；（3）没关系。

答：（1）。

40. 在串联电路中每个电阻上流过的电流＿＿＿。

（1）相同；（2）愈靠前的电阻电流愈大；（3）愈靠后的电阻电流愈大。

答：（1）。

41. 单位正电荷由高电位移向低电位电场力对它所做的功称为＿＿＿。

（1）电动势；（2）电流；（3）电压。

答：(3)。

四、计算题

1. 从气压计上读得当地大气压是 755mmHg，试将其换算成 kPa、bar、at。

解　　　　∵　　　$1mmHg = 133Pa$

　　　　∴　$755mmHg = 133 \times 755$

　　　　　　　　　$= 100415（Pa）$

　　　　　　　　　$= 100.4kPa$

又∵　　　　$1bar = 0.1MPa$

　　　　　　　　$= 100kPa$

∴　$755mmHg \approx 1bar$

又∵　　　　　$1at = 98kPa$

∴　$755mmHg \approx 1at$

答：755mmHg 合 100.4kPa，约合 1bar，约合 1at。

2. 如图 1 - 1 所示的盛水容器中，已知 $h = 3m$。试计算 k 点的绝对压力、表压力和真空值。当地大气压力 $p_a = 10^5Pa$。

图 1 - 1　盛水容器
压力计算图

解　　　∵　$1 - 1'$ 为等压面

　　　∴　$p_1 = p_{1'}$

又∵　$p_{1'} = p_a$

　　∴　$p_1 = p_a$

根据静力学基本方程式

　　$p_1 = p_k + \rho gh$

∴k 点的绝对压力　$p_k = p_1 - \rho gh$

　　　　　　　　$= p_a - \rho gh$

　　　　　　　　$= 10^5 - 10^3 \times 9.8 \times 3$

　　　　　　　　$= 7 \times 10^4（Pa）$

k 点的表压力 $p_b = p_k - p_a$

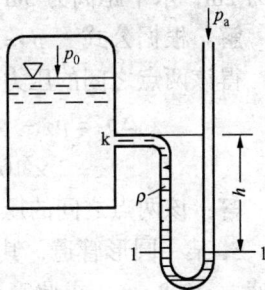

$$= 7 \times 10^4 - 10^5$$

$$= -3 \times 10^4 (\text{Pa})$$

k 点的真空值 $p_v = -p_b$

$$= 3 \times 10^4 (\text{Pa})$$

答：k 点的绝对压力为 7×10^4 Pa，表压力为 -3×10^4 Pa，真空值为 3×10^4 Pa。

3. 在给水管道上方 15m 处装有一只弹簧管式给水压力表，压力表的指示值为 1MPa，试求给水的压力是多少？

解 由 15mH$_2$O 所产生的液柱压力为

$$\Delta p = 15 \times 9.80665 \times 10^3 = 0.147 (\text{MPa})$$

所以管道中的实际给水压力为

$$p = 1 + 0.147 = 1.147 (\text{MPa})$$

答：给水的压力是 1.147MPa。

4. 某容器中水的密度 ρ 为 1000kg/m^3，现两个测点处的高度差为 2m，水平距离为 3m，试求该两点之间的压力差为多少？

解 根据公式 $p = p_0 + \rho g h$

得该两点之间的压力差为

$$\Delta p = p_2 - p_1 = \rho g (h_2 - h_1) = \Delta h \rho g$$

$$= 2 \times 1000 \times 9.8 = 19600 (\text{Pa})$$

答：该两点之间的压力差为 19600Pa。

5. 某一圆形管道，其管子内径为 $d = 100$mm，管内工质平均流速 $c = 0.8$m/s，求此管道每小时的体积流量 q_V 为多少？

解

$$A = \frac{1}{4} \pi d^2$$

$$= \frac{1}{4} \times 3.14 \times 0.1^2$$

$$= 7.85 \times 10^{-3} (\text{m}^2)$$

$$q_V = cA$$

$$= 0.8 \times 7.85 \times 10^{-3}$$

$$= 6.28 \times 10^{-3} (\text{m}^3/\text{s})$$

$$= 22.608 \text{m}^3/\text{h}$$

答：此管道每小时的体积流量为 22.608m³/h。

6. 某汽轮发电机额定功率为 20 万 kW，求 1 个月内（30 天）该机组的额定发电量为多少千瓦·时？

解　该机组的功率 $P = 20 \times 10^4 \text{kW}$

发电时间　　　　　　$t = 30 \times 24 = 720$（h）

则该机组的发电量为

$$
\begin{aligned}
W &= Pt \\
&= 20 \times 10^4 \times 720 \\
&= 1.44 \times 10^8 (\text{kWh})
\end{aligned}
$$

答：该机组在 1 个月内的发电量为 $1.44 \times 10^8 \text{kWh}$。

7. 某发电厂一昼夜发电 $1.2 \times 10^6 \text{kWh}$，不考虑其他能量损失，此功应由多少热量转换而来？

解　　　　∵　$1 \text{kWh} = 3.6 \times 10^3 \text{kJ}$

∴　$Q = 3.6 \times 10^3 \times 1.2 \times 10^6$

$$= 4.32 \times 10^9 (\text{kJ})$$

答：此功由 $4.32 \times 10^9 \text{kJ}$ 的热量转换来。

8. 10t 水流经某加热器后它的焓从 384.5kJ/kg 增至 526.8kJ/kg，求水在此加热器中吸收的热量。

解　已知　　　　$h_1 = 384.5 \text{kJ/kg}$

$$h_2 = 526.8 \text{kJ/kg}$$

$$10\text{t} = 10 \times 10^3 \text{kg}$$

∴　$q = h_2 - h_1$

$$= 526.8 - 384.5$$

$$= 142.3 \ (\text{kJ/kg})$$

10t 水吸收的热量为

$$Q = 10 \times 10^3 \times 142.3 = 1.423 \times 10^6 (\text{kJ})$$

答：10t 水在加热器中吸收的热量是 $1.423 \times 10^6 \text{kJ}$。

9. 有一导线每小时均匀通过截面积的电量为 800C，求导线中的电流。

解 已知 $Q = 800C$，$t = 1h = 3600s$

$$I = \frac{Q}{t} = \frac{800}{3600} = 0.22(A)$$

答：导线中的电流为 0.22A。

10. 已知一个 55Ω 的电阻，使用时通过的电流是 4A，试求电阻两端的电压。

解 已知 $R = 55\Omega$　$I = 4A$

$$U = IR = 4 \times 55$$
$$= 220(V)$$

答：电阻两端的电压是 220V。

五、问答题

1. 液体的静压力具有哪些特征？

答：（1）液体的静压力垂直并指向作用面。

（2）液体内任一点的各个方向的液体静压力均相等。

2. 何谓绝对压力、表压力、真空？

答：容器内完全没有压力时作为压力起点算起的压力，称绝对压力。

以大气压力为起点算的压力称表压力。

某点的绝对压力不足大气压力的部分称为真空。

3. 试述绝对压力与表压力，绝对压力与真空的关系。

答：绝对压力等于其表压力加上大气压力；真空等于大气压力减去绝对压力。

4. 液体静力学基本方程式及其含义是什么？

答：液体静力学基本方程式为

$$p = p_0 + \rho g h$$

上式表明液体内任一点的静压力 p 等于自由表面上的压力 p_0 加上该点距自由液面的深度 h 与液体的密度 ρ 和重力加速度 g 的乘积。

5. 流动阻力分为哪几类？阻力是如何形成的？

答：实际液体在管道中流动时的阻力可分为两种类型：一种

是沿程阻力，它是由于液体在管内运动时，由于液体质点与管壁、液体质点之间存在着相对运动而产生摩擦力而造成的阻力；另一种是局部阻力，它是液体流动时，因局部障碍（如阀门、弯头、扩散管等）引起液流显著变形以及液体质点间的相互碰撞而产生的阻力。

6. 说出图 1 – 2 中 p_a、p_0 及 k 点压力 p_k 三个压力中，哪个压力最大，哪个压力最小。

答： 根据静力学基本方程式及连通器原理，从图 1 – 2 中可得出，压力 p_a 最大，压力 p_0 最小。

7. 何谓流量和平均流速？

答： 单位时间内，通过与管内液流方向相垂直的横断面的液体数量，称为流量。

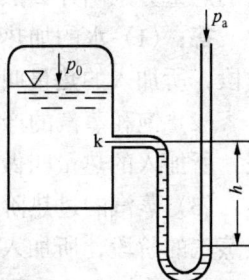

图 1 – 2　p_a、p_0 及 p_k
三个压力比较图

流体在流过横断面时，流体各点流速的平均值，称为平均流速。

8. 什么叫工质？热电厂常用的工质是什么？

答： 将热能转变为机械能的媒介物叫工质。

电能生产是连续的，因此工质应具有良好的流动性和膨胀性，目前工业上都采用气（汽）体作为工质，而热电厂中主要以水蒸气作为工质。

9. 何谓热力学第一定律？

答： 热力学第一定律是加热工质的热量等于工质内能的增加与对外所做的膨胀功之和。其表达式为

$$Q = \Delta u + W$$

式中　　Q——外界加热给工质的热量，kJ；

Δu——工质内能的增量，kJ；

W——工质的膨胀功，kJ。

10. 何谓理想气体和实际气体？

答：理想气体是指分子间不存在引力和分子本身没有体积的气体。

实际气体是指分子之间存在引力，分子本身占有体积的气体。

11. 定压下水蒸气的形成过程分为哪三个阶段？各阶段所吸收的热量分别叫什么热？

答：（1）水的加热阶段，即从任意温度的水加热到饱和水的阶段，所加入的热量叫液体热。

（2）饱和蒸汽的产生阶段，即从饱和水变成干饱和蒸汽的阶段，所加入的热量叫做汽化潜热。

（3）蒸汽的过热阶段，即从干饱和蒸汽加热到任意温度的过热蒸汽的阶段，所加入的热量叫做过热热。

12. 写出朗肯循环热效率公式，并分析影响热效率的因素。

答：热效率为

$$\eta = \frac{h_1 - h_2}{h_1 - h_2'}$$

式中　η——朗肯循环热效率；

$h_1 - h_2$——1kg 蒸汽在汽轮机中转变为功的热量，kJ/kg；

$h_1 - h_2'$——1kg 蒸汽在锅炉中定压吸收的热量，kJ/kg。

由上式可知，朗肯循环的热效率取决于过热蒸汽的初参数（初温、初压）及终参数（排汽压力）。

13. 锅炉过热器及热力管道的传热过程怎样？

答：过热器为：

高温烟气 $\xrightarrow{\text{对流换热和辐射换热}}$ 外壁 $\xrightarrow{\text{导热}}$ 内壁 $\xrightarrow{\text{对流换热}}$ 过热蒸汽。

热力管道为：

高温高压工质 $\xrightarrow{\text{对流换热}}$ 内壁 $\xrightarrow{\text{导热}}$ 外壁 $\xrightarrow{\text{对流换热}}$ 大气。

14. 何谓对流换热，影响对流换热的因素有哪些？

答：对流换热，是指流体各部分之间发生相对位移时所引起的热量传递过程。

影响对流换热的因素有：对流换热系数、换热面积、热物质与冷物质的温差。

15．影响锅炉受热面传热的因素及增加传热的方法有哪些？

答：影响锅炉受热面传热的因素有以下三种：

（1）传热系数；

（2）传热面积；

（3）冷热流体的传热平均温差。

增强传热的方法有以下三种：

（1）提高传热平均温差；

（2）在一定的金属耗量下增加传热面积；

（3）提高传热系数。

16．温差一定时，通过平壁的导热量与哪些因素有关？

答：（1）平壁的厚度；

（2）导热系数；

（3）导热面积。

17．热工测量仪表由哪几部分组成？各部分起什么作用？

答：热工测量仪表由感受件、中间件和显示件组成。

（1）感受件直接与被测量对象相联系，感受被测参数的变化，并将被测参数信号转换成相应的便于进行测量和显示的信号输出。

（2）中间件将感受件输出的信号直接传输给显示件或进行放大和转换，使之成为适应显示元件的信号。

（3）显示件向观察者反映被测参数的量值和变化。

18．热电偶测温的优点是什么？

答：（1）测温准确度较高；

（2）结构简单，便于维修；

（3）动态响应速度快；

（4）测温范围较宽；

（5）信号可远传，便于集中检测和自动控制；

（6）可测量局部温度甚至"点"温度。

19. 热电偶温度计为何加装冷端温度补偿器？

答： 热电偶电动势的大小与热电偶两端的温度有关。只有在冷端温度固定的情况下，热电动势才能正确反映热端温度的大小。热电偶的测量仪表的分度是在冷端温度为0℃的情况下确定的。但在现场使用时，热电偶的冷端温度受环境的影响较大，更难保证为0℃。为了保证热电偶的测量精确度，在热电偶的线路中串联一个直流电动势，也就是冷端温度补偿器，以消除因冷端温度变化而产生的测量误差。

20. 电触点水位计有何优点？

答： 电触点水位计在汽包水位测量上得到了广泛的应用，其优点是：在锅炉起、停时，即压力远偏离额定值时，它能较准确地反映汽包水位。另外，其体积小，结构简单，维修工作量小。

21. 简述弹簧管式压力表的工作原理。

答： 弹簧管在压力的作用下，其自由端产生位移，并通过拉杆带动放大传动机构，使指针偏转并在刻度盘上指示出被测压力值。

22. 什么是自动调节？

答： 在生产过程中，为了保持被调量恒定或在某一规定范围内变动，采用自动化装置来代替运行人员的操作，这个过程叫自动调节。

23. 自动调节系统由哪两部分组成？组成自动调节系统最常见的基本环节有哪些？

答： 自动调节系统由调节对象和自动装置两部分组成。

组成自动调节系统的最常见的基本环节有一阶惯性环节、比例环节、积分环节、微分环节和迟延环节。

24. 锅炉燃烧自动调节的任务是什么？

答： 使燃烧产生的热量适应负荷变化的需要，蒸汽压力和炉膛负压在允许范围内变化，保证燃烧过程的经济性与安全性。

25. 简述物体是如何带电的?

答:一切物体都是由分子组成,分子由原子组成,原子又由带正电荷的原子核和带负电荷的电子组成。物体带电是由于某种原因(如摩擦、电磁感应等),物体失去或得到电子。得到电子的物体带负电,失去电子的物体带正电。

26. 电流是如何形成的? 它的方向是如何规定的?

答:电流是电荷在电场力的作用下作有规则的定向运动的物理现象。

规定正电荷运动的方向为电流的方向,即规定电流的正方向是电荷由正极流向负极。导体中电流的方向与导体中自由电子的流动方向相反。

27. 何谓电阻?

答:电流通过导体时会受到阻力。这是因为自由电子在运动中不断与导体内的原子发生碰撞,自由电子的运动受到一定的阻力。导体对电流产生的这种阻力,叫电阻。

第二节 中 级 工

一、填空题

1. 流体区别于固体的显著特征是流体具有 ① 和 ② 。

答:①流动性;②黏滞性。

2. 流体的黏滞性系数的大小随流体的 ① 和 ② 的不同而不同。

答:①温度;②流体种类。

3. 流量分为 ① 流量和 ② 流量两种。

答:①体积;②质量。

4. 质量流量与平均流速的关系式是_____。

答:$q_m = \rho c A$,其中 q_m 为质量流量,c 为平均流速,ρ 为流体密度,A 为流通面积。

5. 静止液体内任一点位置变化时,若位置能头增加,则压力能头___①___，位置能头和压力能头之和为___②___。

答：①减小；②常数。

6. 影响流体沿程阻力损失的因素有___①___、___②___、___③___和___④___。

答：①运动状态；②管子粗糙度；③管子结构尺寸；④流体的黏度。

7. 能实现热能与机械能相互转变的媒介物叫_____。

答：工质。

8. 热力学温度与摄氏温度的关系是_____。

答：$T = t + 273.15$。

9. 气体的温度愈高、密度愈大，则气体的压力___①___、比容___②___。

答：①愈大；②愈小。

10. 热力学第一定律的实质是___①___与___②___在热力学上应用的一种特定形式。

答：①能量守恒；②转换定律。

11. 5 万 kW 机组运行了 2h，其发电量为_____kWh。

答：10 万 kWh。

12. 平壁导热传递的热量与两壁面温度差成___①___，与壁面面积成___②___，与壁厚成___③___。

答：①正比；②正比；③反比。

13. 水冷壁的传热过程是：烟气对管外壁___①___，管外壁向管内壁___②___，管内壁与汽水混合物之间进行___③___。

答：①辐射换热；②导热；③对流放热。

14. 朗肯循环是由___①___、___②___、___③___、___④___四个过程组成。

答：①等压加热；②绝热膨胀；③定压凝结放热；④等熵压缩。

15. 锅炉三冲量给水自动调节系统是根据___①___、___②___和___③___三个信号调节汽包水位的。

答：①汽包水位；②蒸汽流量；③给水流量。

16. 在锅炉过热蒸汽温度自动调节系统中，被调量是过热器出口汽温，调节变量是_____。

答：减温水量。

17. 电厂锅炉中目前广泛采用的水位计有 ① 水位计，② 水位计和 ③ 水位计等。

答：①云母；②低置；③电触点。

18. 具有煤粉仓的燃烧调节系统是以_____作为主控制信号的。

答：汽压。

19. 电厂锅炉多采用_____式流量表测量流量。

答：差压。

20. 交流电完成一次循环所需要的时间叫 ① ，单位 ② 。

答：①周期；②秒（s）。

21. 常用的电灯泡，当额定电压相同时，额定功率大的电阻 ① ，额定功率小的电阻 ② 。

答：①小；②大。

22. 串联电路中总电阻为各电阻_____。

答：之和。

23. 并联电路各并联支路两端的电压_____。

答：相同。

24. 串联电路中总电压等于各电阻上的_____之和。

答：电压降。

25. 三相异步电动机主要是由 ① 和 ② 两基本部分组成。

答：①定子；②转子。

26. 在发电厂中，三相母线的相序是用颜色表示的。规定用黄色表示 ① 相，绿色表示 ② 相，红色表示 ③ 相。

答：①U（A）或L1；②V（B）或L2；③W（C）或L3。

27. 电功率是指单位时间内电场力所做的_____。

答：功。

28. 金属材料的性能分为__①__性能、__②__性能、__③__性能和__④__性能等。

答：①物理；②化学；③工艺；④力学（机械）。

29. 根据外力作用的性质不同，金属强度分为__①__强度、__②__强度、__③__强度和__④__强度。

答：①抗拉；②抗压；③抗弯；④抗扭。

30. 金属材料的物理性能主要有__①__、__②__、__③__、__④__、热膨胀性和磁性等。

答：①密度；②熔点；③导电性；④导热性。

31. 金属在一定温度和应力作用力，随时间的延续发生_____的现象称为蠕变。

答：缓慢的塑性变形。

32. 电厂常用的鉴别钢的化学成分、组织结构和缺陷的方法有__①__、__②__和__③__方法等。

答：①化学成分鉴别法；②金相分析法；③无损探伤。

33. 金属材料的工艺性能有__①__、__②__、__③__和__④__等。

答：①铸造性；②可锻性；③焊接性；④切削加工性。

34. 表示金属材料的塑性指标是__①__和__②__。

答：①延伸率；②断面收缩率。

35. 通过对金属的拉伸试验来确定金属材料的__①__和指标和__②__指标。

答：①抗拉强度；②塑性。

二、判断题（在题末括号内作出记号：√表示对，×表示错）

1. 静止流体中任意一点的静压力不论来自哪个方向均不等。（　　）

答：×。

24

2. 对于不可压缩流体，当流体所受的压力和温度增加时，流体的体积不变。（　　）

答：×。

3. 由于流体的黏滞性，流体运动时流体间产生内摩擦力造成能量损失。（　　）

答：√。

4. 观察流体运动的两个重要参数是压力和流速。（　　）

答：√。

5. 流体的压缩性是指流体在压力（压强）作用下，体积增大的性质。（　　）

答：×。

6. 当气体的压力升高、温度降低时，其体积增大。（　　）

答：×。

7. 流体中各点的压力和流速随时间而变化的流动，称稳定流动。（　　）

答：×。

8. 管内流体的流动速度越快，管道的流动阻力损失越大。（　　）

答：√。

9. 不论气体还是液体，吸收热量，温度升高；放出热量，温度降低。（　　）

答：×。

10. 对于理想气体，外界对气体做功，则气体内能增加，温度升高。（　　）

答：√。

11. 任意温度的水，在定压下被加热到饱和温度所吸收的热量，叫做汽化潜热。（　　）

答：×。

12. 液体在整个沸腾过程中，既不吸热，也不升温。（　　）

答：×。

13. 过热蒸汽的湿度为零。（   ）

答：√。

14. 凡是有温差的物体，就一定有热量的传递。（   ）

答：√。

15. 主蒸汽管道保温后，可防止热传递过程的发生。（   ）

答：×。

16. 朗肯循环是最佳循环，其循环效率能达到 100%。
（   ）

答：×。

17. 提高锅炉的初始压力，只能提高过热蒸汽的焓值，而不能提高朗肯循环的热效率。（   ）

答：×。

18. 导热、对流换热及热辐射都必须在物体相互直接接触的情况下才能进行。（   ）

答：×。

19. 蒸汽初压力和初温度不变时，提高排汽压力可以提高朗肯循环的热效率。（   ）

答：×。

20. 热工仪表的作用是监视和控制设备运行，分析和统计各种指标。（   ）

答：√。

21. 差压式流量表是根据节流造成压差的原理制成的。
（   ）

答：√。

22. 在三冲量给水自动调节系统中，给水流量是主信号，给水流量有微小变化，也会使调节器动作。（   ）

答：×。

23. 在双冲量汽温调节系统中，过热器出口汽温是调节变量。（   ）

答：×。

24. 在锅炉燃烧过程自动调节系统中，燃料量、吸风量和送风量是被调节量。（　　）

答：×。

25. 在直流电路中，电流的大小和方向不随时间而变化。（　　）

答：√。

26. 对于直吹式制粉系统，根据磨煤机进、出口压差信号调节给煤量。（　　）

答：√。

27. 金属导体的电阻随着温度的变化而变化，温度升高，导体的电阻减小。（　　）

答：×。

28. 电流通过电炉所产生的热量与电炉通过的电流的平方成正比。（　　）

答：√。

29. 既有电阻串联又有电阻并联的连接方式称为电阻的混联。（　　）

答：√。

30. 并联接法的照明用电的负荷，任何一个负荷的工作状态发生变化时，其他负荷的工作状态都将受到影响。（　　）

答：×。

31. 金属材料的机械性能是指金属材料在外力作用下抵抗塑性变形或断裂的能力。（　　）

答：√。

32. 金属材料的断面收缩率越大，则金属材料的塑性越差。（　　）

答：×。

33. 多加入铝合金元素的钢材可提高钢的焊接性能和切削加工性能。（　　）

答：×。

34. 在钢中加入硫元素可提高钢的耐蚀性和强度。（　　）

答：×。

35. 蠕变极限是指试样在一定温度下，在规定时间内到达规定变形量时所能承受的最大应力。（　　）

答：√。

36. 金属材料的导热性能是指金属传导热量的性能。（　　）

答：√。

37. 合金钢是指在碳钢的基础上，为了达到某些特定性能要求，在冶炼时有目的地加入一些合金元素的钢。（　　）

答：√。

三、选择题［将正确答案的序号"（×)"写在题内横线上］

1. 流体压缩系数的单位为_____。

（1）Pa^{-1}；（2）K^{-1}；（3）无单位。

答：（1）。

2. 动力黏度与运动黏度的关系是_____。

（1）$\nu = \dfrac{\rho}{\mu}$；（2）$\nu = \dfrac{\mu}{\rho}$；（3）$\mu = \dfrac{\nu}{\rho}$。

答：（2）。

3. 判断流体运动状态的依据是_____。

（1）雷诺数；（2）莫迪图；（3）尼古拉兹图。

答：（1）。

4. 管内流体的雷诺数小于_____时，流体处于层流状态。

（1）3300；（2）5300；（3）2300。

答：（3）。

5. 实际流体的伯诺里方程是_____。

（1）$\dfrac{u_1^2}{2g} + \dfrac{p_1}{\rho g} + Z_1 =$ 常数；（2）$\dfrac{p}{\rho g} + Z =$ 常数；

（3）$\dfrac{u_1^2}{2g} + \dfrac{p_1}{\rho g} + Z_1 = \dfrac{u_2^2}{2g} + \dfrac{p_2}{\rho g} + Z_2 + h'_{\mathrm{w}}$。

答：（3）。

6. 热力学第_____定律是能量转换与能量守恒在热力学上

的应用。

(1) 一；(2) 二；(3) 三。

答：(1)。

7. 气体的内动能主要决定于气体的_____。

(1) 温度；(2) 压力；(3) 比容。

答：(1)。

8. 随着氧气温度的升高，氧气的比热容_____。

(1) 升高；(2) 降低；(3) 不变。

答：(1)。

9. 过热蒸汽的过热度越高，则过热热_____。

(1) 越大；(2) 越小；(3) 不变。

答：(1)。

10. 当作用在水平面上的压力所对应的饱和温度比水温低时，这样的水称_____。

(1) 不饱和水；(2) 饱和水；(3) 过热水。

答：(3)。

11. 对流换热量与对流放热系数成_____。

(1) 正比；(2) 反比；(3) 没关系。

答：(1)。

12. 炉膛内烟气对水冷壁的换热方式是_____。

(1) 辐射换热；(2) 对流换热；(3) 辐射换热和对流换热。

答：(3)。

13. 三冲量给水自动调节系统，在锅炉起动过程中，调节器只能接受_____进行调节。

(1) 汽包水位；(2) 蒸汽流量；(3) 给水流量。

答：(1)。

14. 锅炉利用燃料燃烧所放出的热量来加热锅炉中的水，在锅炉中，存在的传热方式有_____。

(1) 辐射换热；(2) 导热和对流换热；(3) 导热、辐射换热和对流换热。

29

答：(3)。

15. 热辐射的强弱与绝对温度的_____成正比。

(1) 2次方；(2) 3次方；(3) 4次方。

答：(3)。

16. 双冲量汽温调节系统中，主调节信号是_____。

(1) 过热器出口汽温；(2) 减温器后汽温；(3) 减温水量。

答：(1)。

17. 具有煤粉仓的燃烧调节系统的主控制信号是_____。

(1) 汽压；(2) 蒸发量；(3) 送风量。

答：(1)。

18. 在220V电源上串联下列三个灯泡，_____灯泡最亮。

(1) 220V，100W；(2) 220V，60W；(3) 220V，40W。

答：(3)。

19. 确定电流通过导体时所产生的热量与电流的平方、导体的电阻及通过的时间成正比的定律是_____。

(1) 欧姆定律；(2) 基尔霍夫定律；(3) 焦耳—楞次定律。

答：(3)。

20. _____的大小和方向均随时间按一定规律作周期性变化。

(1) 交流电；(2) 直流电；(3) 电阻。

答：(1)。

21. 为提高钢的耐磨性和抗磁性，需加入的合金元素是_____。

(1) 锰；(2) 铬；(3) 铝。

答：(1)。

22. 锅炉管道选用钢材，主要根据金属在使用中的_____来确定。

(1) 硬度；(2) 温度；(3) 强度。

答：(2)。

23. 合金元素的总含量小于5%的合金钢是_____。

（1）低合金钢；（2）中合金钢；（3）高合金钢。

答：（1）。

四、计算题

1. 某一输水管道由两根直径不同的管子组成，如图 1－3 所示。已知 $d_1 =$ 400mm，$d_2 = 200$mm。若第一段中的平均流速为 $c_1 = 1$m/s，试求第二段管中的平均流速 c_2 和每小时的体积流量 q_V 各为多少？

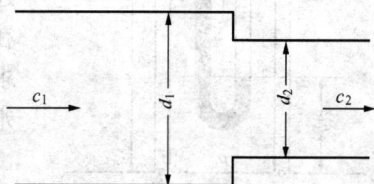

图 1－3　输水管道流速、流量计算图

解　根据连续性方程

$$\frac{c_2}{c_1} = \frac{A_1}{A_2}$$

$$A_1 = \frac{1}{4}\pi d_1^2, A_2 = \frac{1}{4}\pi d_2^2$$

$\therefore$

$$c_2 = \frac{A_1}{A_2}c_1 = c_1\frac{\frac{1}{4}\pi d_1^2}{\frac{1}{4}\pi d_2^2}$$

$$= c_1\left(\frac{d_1}{d_2}\right)^2 = 1 \times \left(\frac{400}{200}\right)^2$$

$$= 4(\text{m/s})$$

$$q_V = c_1 A_1$$

$$= 1 \times \frac{1}{4} \times 3.14 \times (0.4)^2$$

$$= 0.1256(\text{m}^3/\text{s})$$

$$= 452.16\text{m}^3/\text{h}$$

答：第二管道的平均流速为 4m/s；体积流量为 452.16m³/h。

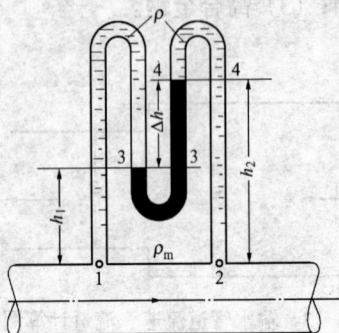

图 1-4 管道压差计算图

2. 为了测量试验管道上 1、2 两点水的压力差，在这两点上连接了一个 U 形管水银差压计，在水流动时读得 $\Delta h = 300\text{mmHg}$，求 1、2 两点水的压力差，并用水柱高度表示，如图 1-4 所示。

解 ∵ 管内水是流动的。

∴ 1、2 两点非等压面。

通过水银上下两个液面作 3-3、4-4 平面，为等压面。

根据静力学基本方程式

$$p_1 = p_3 + \rho g h_1$$

而

$$p_3 = p_4 + \rho_m g \Delta h$$

∴

$$p_1 = p_4 + \rho_m g \Delta h + \rho g h_1$$

又∵

$$p_4 = p_2 - \rho g h_2$$

∴

$$p_1 = p_2 - \rho g h_2 + \rho_m g \Delta h + \rho g h_1$$

$$
\begin{aligned}
p_1 - p_2 &= \rho_m g \Delta h + \rho g h_1 - \rho g h_2 \\
&= \rho_m g \Delta h - \rho g (h_2 - h_1) \\
&= \rho_m g \Delta h - \rho g \Delta h \\
&= \Delta h (\rho_m g - \rho g) \\
&= 0.3 \times (133400 - 9807) \\
&= 3.71 \times 10^4 (\text{Pa})
\end{aligned}
$$

压力差用水柱高度表示

$$
\begin{aligned}
\frac{p_1 - p_2}{\rho g} &= \Delta h \left(\frac{\rho_m g}{\rho g} - 1 \right) \\
&= 0.3 \times \left(\frac{133400}{9807} - 1 \right) \\
&= 3.78 (\text{mH}_2\text{O})
\end{aligned}
$$

答：1、2 两点的压力差为 $3.71 \times 10^4 \text{Pa}$，$3.78\text{mH}_2\text{O}$。

3. 某压力容器绝对压力为 9.807MPa，当大气压力 p_0 为 775mmHg 时，其容器内表压力是多少 MPa？

解 由 $p_g = p - p_0$

$$1mmHg = 133.3Pa$$

$$p_0 = 775 \times 133.3Pa = 0.1033MPa$$

$$p_g = 9.807 - 0.1033 = 9.7037（MPa）$$

答：其容器内表压力是 9.7037MPa。

4. 温度为 20℃的水在管道中流动，管道直径为 200mm，流量 $Q = 100m^3/h$，20℃的水的运动黏度 $\nu = 1.006 \times 10^6 m^2/s$，求水的流动状态是层流还是紊流？

解 管道中水的平均流速为

$$c = \frac{Q}{A} = \frac{Q}{\frac{1}{4}\pi d^2}$$

$$= \frac{100}{\frac{1}{4} \times 3.14 \times 0.2^2} \times \frac{1}{3600}$$

$$= 0.885(m/s)$$

雷诺数为

$$Re = \frac{cd}{\nu} = \frac{0.885 \times 0.2}{1.006 \times 10^6}$$

$$= 175873 > 2300$$

故水的流动状态为紊流。

答：水的流动状态为紊流。

5. 某锅炉汽包中心线下 50mm 为水位计中线，水位全高为 300mm（±150mm）汽包内水温为 340℃（比容 $v_1 = 0.0016m^3/kg$），水位计内水温为 240℃（比容 $v_2 = 0.0012m^3/kg$），求水位计中水位为 +60mm 时汽包内水位距汽包中心线多少？

解 根据静压力基本方程式

$$\rho_1 g h_1 = \rho_2 g h_2$$

$$\therefore \quad h_1 = \frac{h_2\rho_2}{\rho_1} = \frac{h_2\dfrac{1}{v_2}}{\dfrac{1}{v_1}} = \frac{h_2 v_1}{v_2}$$

$$= \frac{(150+60)\times 0.0016}{0.0012}$$

$$= 280(\text{mm})$$

因汽包中心线高于水位计 50mm，故汽包内水位距汽包中心线距离 h 为

$$h = 280 - 150 - 50 = 80(\text{mm})$$

答：汽包内水位距汽包中心线 80mm。

6. 某一朗肯循环，1kg 蒸汽在锅炉中定压吸收的热量是 3270.1kJ/kg，在汽轮机中转变为功的热量是 1381.5kJ/kg，求此朗肯循环的热效率。

解 朗肯循环的热效率为

$$\eta = \frac{h_1 - h_2}{h_1 - h'_2} = \frac{1381.5}{3270.1} = 42.3(\%)$$

答：此朗肯循环的热效率为 42.3%。

7. 某循环热源温度为 527℃，冷源温度为 27℃，在此温度范围内，循环可能达到的最大热效率是多少？

解 已知 $T_1 = 527 + 273 = 800$（K），$T_2 = 27 + 273 = 300$（K）

$$\eta_{\max} = \eta_k = 1 - T_1/T_2 = 1 - 300/800 = 0.625$$

答：最大热效率是 62.5%。

8. 一台 50MW 汽轮机的凝结器，其表面单位面积上的换热量是 $Q = 23000\text{W}/\text{m}^2$，凝结器铜管内、外壁温差 2℃，求水蒸气的凝结换热系数。

解 $q = \alpha(t_1 - t_2)$

$\alpha = q/(t_1 - t_2) = 23000/2 = 1150\text{W}/(\text{m}^2 \cdot ℃)$

答：水蒸气的凝结换热系数 1150W/（m² · ℃）。

9. 管壁厚度 $\delta_1 = 6\text{mm}$，管壁的导热系数 $\lambda_1 =$

200kJ/（m·℃），内表面贴附着一层厚度为 $\delta_2 = 1mm$ 的水垢，水垢的导热系数 $\lambda_2 = 4kJ/$（m·℃）。已知管壁外表面温度为 $t_1 = 250℃$，水垢内表面温度 $t_3 = 200℃$。求通过管壁的热流量以及钢板同水垢接触面上的温度。

解　$q = (t_1 - t_3)/(\delta_1/\lambda_1 + \delta_2/\lambda_2)$

$= (250 - 200)/(0.006/200 + 0.001/4)$

$= 1.786 \times 10^5 kJ/(m^2 \cdot h)$

$\because q = (t_1 - t_2)/(\delta_1/\lambda_1)$

$\therefore t_2 = t_1 - q \cdot \delta_1/\lambda_1 = 250 - 1.786 \times 10^5 \times 0.006/200 = 244.6(℃)$

答：通过管壁的热流量是 $1.786 \times 10^5 kJ/$（$m^2 \cdot h$），钢板同水垢接触面上的温度是 244.6℃。

10. 某锅炉炉墙为水泥珍珠岩材料，壁厚 $\delta = 120mm$，已知内壁温度 $t_1 = 500℃$，外壁温度 $t_2 = 50℃$，水泥珍珠岩的热导率 $\lambda = 0.094W/$（m·K）。试求每平方米炉墙每小时的散热量。

解　此炉墙属单层平壁导热，则热流密度为

$$\varphi = \frac{t_1 - t_2}{\dfrac{\delta}{\lambda}} = \frac{500 - 50}{\dfrac{120 \times 10^{-3}}{0.094}}$$

$$= 325(W/m^2)$$

每平方米炉墙每小时的散热量为

$$Q = \varphi t = 352 \times 3600 = 1267.2(kJ)$$

答：每平方米炉墙每小时的散热量为 1267.2kJ。

11. 已知两个电阻 R_1 和 R_2 作串联连接，当 R_2 和 R_1 具有以下数值时，试求串联的等效电阻。已知① $R_1 = R_2 = 1\Omega$；② $R_1 = 3\Omega$，$R_2 = 6\Omega$。

解　① $R = R_1 + R_2 = 1 + 1 = 2(\Omega)$

② $R = R_1 + R_2 = 3 + 6 = 9(\Omega)$

答：串联的等效电阻分别为 2Ω 和 9Ω。

12. 两个电阻 R_1 和 R_2 并联连接，当 R_1 和 R_2 具有下列数值

时，试求并联的等效电阻。

①$R_1 = R_2 = 2\Omega$；②$R_1 = 2\Omega$，$R_2 = 0$。

解 ① $R = \dfrac{R_1 R_2}{R_1 + R_2} = \dfrac{2 \times 2}{2 + 2} = 1(\Omega)$

② $R = \dfrac{R_1 R_2}{R_1 + R_2} = \dfrac{2 \times 0}{2 + 0} = 0(\Omega)$

答： 并联的等效电阻为 1Ω 和 0Ω。

13. 已知电源电动势为 24V，内阻为 2Ω，求外阻为 2Ω 时，电源的输出功率是多少？

解 已知 $E = 24\text{V}$，内阻 $r = 2\Omega$，外阻 $R = 2\Omega$

$$I = \frac{E}{R + r} = \frac{24}{2 + 2} = 6(\text{A})$$

$$P = EI = 24 \times 6 = 144(\text{W})$$

答： 输出功率为 144W。

14. 一只电炉其电阻为 44Ω，电源电压为 220V，求 30min 产生的热量。

解 已知 $U = 220\text{V}$，$R = 44\Omega$，$t = 30\text{min} = 1800\text{s}$

$$Q = \frac{U^2}{R}t = \frac{220^2}{44} \times 1800$$

$$= 1980000(\text{J}) = 1980\text{kJ}$$

答： 30min 内产生的热量为 1980kJ。

五、问答题

1. 何谓黏滞性、动力黏度和运动黏度？

答： 流体间产生内摩擦力的性质，称为流体的黏滞性。

运动黏度是指动力黏度与同温、同压下流体的密度的比值。

动力黏度是指流体单位接触面积上的内摩擦力与垂直于运动方向上的速度变化率的比值。

2. 写出沿程阻力损失与局部阻力损失的计算公式，并说明式中各项的意义。

解 沿程阻力损失为

$$h_{\mathrm{f}} = \lambda\,\frac{l}{d}\cdot\frac{c^2}{2g}\qquad(\mathrm{m})$$

式中　λ——沿程阻力系数；

　　　l——管长，m；

　　　d——管子直径，m；

　　　c——平均流速，m/s；

　　　g——重力加速度，m/s^2。

局部阻力损失为

$$h_{\mathrm{j}} = \xi\,\frac{c^2}{2g}$$

式中　h_{j}——局部阻力损失，m；

　　　ξ——局部阻力系数；

　　　c——平均流速，m/s。

3. 何谓稳定导热及不稳定导热？热力设备在什么情况下处于不稳定导热？

答：稳定导热是指物体各点的温度不随时间而变化的导热。

不稳定导热是指温度场随时间而改变的导热过程。

各热力设备在启、停或工况变化时，由于设备内部的温度处于不断变化过程中，属于不稳定工况。

4. 什么是热力学第一定律？

答：热力学第一定律是阐明能量守恒和转换的一个基本定律。可以表述为：热可以转变为功，功也可以转变为热，一定量的热消失时，必产生一定量的功，消耗了一定量的功时，必产生与之对应的一定量的热。

5. 何谓干度？

答：干度是指 1kg 湿饱和蒸汽中干饱和蒸汽所占的百分数。

6. 何谓汽化潜热？

答：汽化潜热是指 1kg 饱和水在定压下加热至完全汽化成同温度下的饱和蒸汽所需要的热量。

7. 何谓节流与节流现象？

答：液体或气体经过突然收缩的截面（如阀门、孔板、节流圈等部件）时产生压力下降的现象，称为节流。

水经过节流，压力突然降低，当压力低到其对应的饱和温度比水的温度低时，水会汽化生成汽水混合物。例如：省煤器、水冷壁的爆管等。

8. 影响对流放热系数的主要因素有哪些？

答：（1）流体的流速。流速越高，对流放热系数越大。

（2）流体的运动特性。流体的流动分为层流和紊流。层流运动时，各层流间互不掺混；而紊流流动时，由于流体质点间剧烈混合，换热大大加强，对流放热系数较大。

（3）流体相对于管子的流动方向。横向冲刷的放热系数比纵向冲刷的大。

（4）管径、管子的排列方式及管距。

9. 画出朗肯循环系统图。

答：如图 1 - 5 所示。

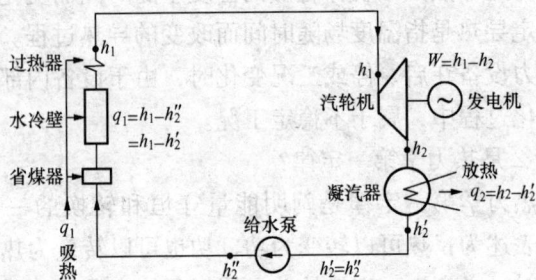

图 1 - 5　朗肯循环系统图

10. 影响传热的因素有哪些？

答：由传热方程 $Q = KA\Delta t$ 可以看出，影响传热量的因素有传热系数、换热面积和传热平均温差三个方面因素。

11. 画出低置差压水位计的原理示意图。

答：如图 1 - 6 所示。

12. 画出三冲量给水自动调节系统。

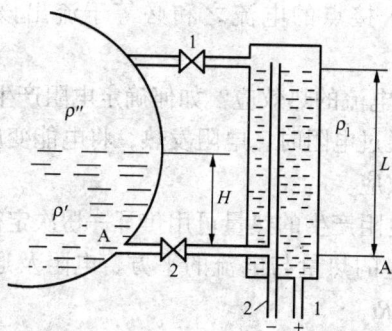

图1-6 低置水位计原理图

答：如图1-7所示。

13. 画出双冲量汽温调节系统。

答：如图1-8所示。

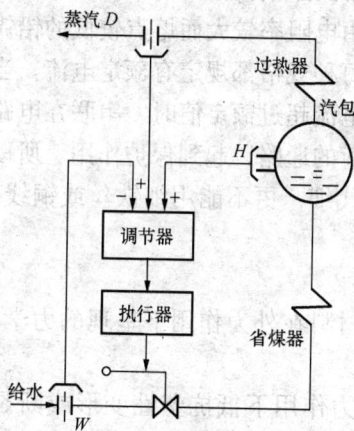

图1-7 三冲量给水自
动调节系统

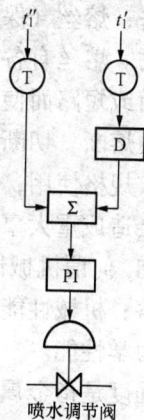

图1-8 双冲量
汽温调节系统

14. 何谓基尔霍夫第一定律?

答：基尔霍夫第一定律，又叫做基尔霍夫电流定律，它确定了电路中任一点所连的各支路电流之间的关系，即对应于电路中任一接点，流入接点的电流之和必等于流出该接点的电流之和。

15. 什么是电流的热效应？如何确定电阻产生的热量？

答：电流通过电阻时，电阻发热，将电能变成热能，这种现象叫电流的热效应。

电流通过电阻产生的热量可用焦耳—楞次定律来确定，即电流通过电阻产生的热量与电流的平方、电阻及通过的时间成正比，$Q = 0.24 I^2 Rt$。

16. 什么是电气设备的额定值？

答：电气设备的额定值是制造厂家按照安全、经济、寿命全面考虑为电气设备规定的正常运行参数。实际的负荷或电阻元件，所消耗的功率都不能超过规定值，否则这个负荷或电阻元件就会过热而遭到损坏或缩短寿命。

17. 为什么线路中要安装熔丝（保险丝）？

答：熔丝（保险丝）是由电阻率较大而熔点较低的铅锡合金制成的。熔丝有各种规格，每种规格都规定有额定电流。当发生过负荷或短路而使电路中的电流超过额定值时，串联在电路中的熔丝便熔断，切断电源与负荷的通路，起到保护作用。所以熔丝必须按规格使用，不能以粗代细，更不能用细铁丝或铜线代替，否则会造成重大事故。

18. 何谓机械性能和强度？

答：机械性能是指金属材料在外力作用下呈现的力学特征，又称力学性能。

强度是指金属材料在外力作用下抵抗塑性变形或断裂的能力。

19. 金属的超温和过热之间有何关系？

答：金属的超温和过热在概念上相同。所不同的是：超温，是指在运行中由于某种原因金属管壁温度超过它所允许的温度；而过热，是因为超温，致使金属发生不同程度的损坏。即超温是过热的原因，过热是超温的结果。

第三节 高 级 工

一、填空题

1. 盛有液体的密闭容器内任意两点的位置能头 ① ，压力能头 ② ，位置能头和压力能头之和 ③ 。

答：①不一定相等；②不一定相等；③相等。

2. 液体在管内流动，管子内径增大时，流速____。

答：降低。

3. 作紊流运动的流体，层流边界层的厚度随着流速的增加而____① ，流动阻力 ② 。

答：①变薄；②增大。

4. 在火力发电厂中， ① 、 ② 可作为理想气体看待，而 ③ 应当作为实际气体看待。

答：①空气；②烟气；③水蒸气。

5. 气体内部分子运动所形成的 ① 和由分子相互之间吸引力所形成的 ② 的总和，称内能。

答：①内动能；②内位能。

6. 饱和温度和饱和压力是一一对应的，饱和压力越高，其对应的饱和温度 ① 。若水温低于水面上压力所对应的饱和温度，这样的水称为 ② ；若水温高于水面上压力所对应的饱和温度；这样的水称为 ③ 。

答：①越高；②不饱和水；③过热水。

7. 评价材料导热性能好坏的指标是 ① ，铜的导热性比玻璃的导热性 ② 。

答：①热导率；②好。

8. 水蒸气凝结放热时，其温度 ① ，主要放出 ② 。

答：①保持不变；②汽化潜热。

9. 物体辐射的热流密度与其绝对温度的 ① 成 ② 。

答：①4 次方；②正比。

10. 压力式温度计指示仪表与被测点一般相距_____。

答：20～25m。

11. 热电动势的大小与热电偶的___①___、___②___有关，而与热电偶的___③___无关。

答：①材料；②两端温度；③形状。

12. 弹性压力表是根据在弹性限度内，固体材料受外力作用产生的弹性变形量与___①___成___②___的原理制成的。

答：①外力；②正比。

13. 差压式流量表的节流元件可分为___①___、___②___和___③___。

答：①节流孔板；②喷嘴；③文丘里管。

14. 双冲量汽温调节系统是以___①___作为主调节信号，以___②___作为超前信号来进行调节的。

答：①过热器出口汽温；②减温器后的汽温。

15. 三相异步电动机，根据其转子结构的不同，分为___①___式和___②___式两种类型。

答：①鼠笼；②绕线。

16. 一次绕组的匝数大于二次绕组的匝数的变压器为_____变压器。

答：降压。

17. 同步是指___①___的旋转速度与___②___旋转速度大小、方向相同，异步则相反。

答：①转子；②磁场。

18. 钢材在高温时的性能变化主要有___①___、___②___、___③___、___④___、___⑤___以及钢材在高温腐蚀介质中的___⑥___、___⑦___和失去组织___⑧___性。

答：①蠕变；②持久断裂；③应力松弛；④热脆性；⑤热疲劳；⑥氧化；⑦腐蚀；⑧稳定。

19. 对高温下工作的紧固件材料突出的要求，是具有较好的抗___①___性能，其次是应力___②___和___③___性要小，还应有良好

的抗　④　性能。

答：①松弛；②集中敏感性；③热脆；④氧化。

二、判断题（在题末括号内作出记号：√表示对，×表示错）

1. 润滑油温越高，对润滑越有利。（　　）

答：×。

2. 液体中任一点的压力和流速不随时间和空间位置的变化而变化，这样的流动属于稳定流动。（　　）

答：×。

3. 1 工程大气压相当于 760mmHg。（　　）

答：×。

4. 某容器内工质的绝对压力最低时等于零。（　　）

答：×。

5. 烟气的比热随着烟气温度的升高而保持不变。（　　）

答：×。

6. 同一体积的物体比容越大，表明物质越轻，密度越大表明物质越重。（　　）

答：√。

7. 热量不可能自动地从冷物体向热物体传递。（　　）

答：√。

8. 过热蒸汽的过热度越低，说明越接近于饱和状态。（　　）

答：√。

9. 在管式空气预热器中，烟气向空气传递热量是通过对流换热实现的。（　　）

答：√。

10. 锅炉受热面外表面积灰或结渣，会使管内介质与烟气热交换时传热量减弱，因为灰渣导热系数增大。（　　）

答：×。

11. 热量的传递发生过程总是由物体的低温部分传向高温部

分。（　　）

答：×。

12. 在选择使用压力表时，为使压力表能安全可靠地工作，压力表的量程应选得比被测压力高2倍。（　　）

答：√。

13. 酒精温度计的测温范围比水银温度计的测温范围大。（　　）

答：×。

14. 在锅炉启停过程中，常采用低置差压水位计来测量汽包水位。（　　）

答：×。

15. 在三冲量给水自动调节系统中，任何扰动引起汽包水位的变化，都会使调节器动作，改变调节阀开度，汽包水位维持在额定值。（　　）

答：√。

16. 在锅炉燃烧过程自动调节系统中，主蒸汽压力、过量空气系数和炉膛负压是调节变量。（　　）

答：√。

17. 引风调节器接受到燃料量调节器发出信号和炉膛负压信号后进行引风量的调节。（　　）

答：√。

18. 在电路中，各点的电位值和任何两点之间的电压值是固定不变的。（　　）

答：×。

19. 电路的接点是指三条或三条以上支路的连接点。（　　）

答：√。

20. 在电阻电路中，只要有电流流动，就一定有电源存在。反之，在有电源的电路中，一定有电流流过电阻。（　　）

答：×。

21. 持久应力是在给定温度下促使试样或工件经过一定时间

发生断裂的应力。（　　）

答：√。

22. 在耐热钢中加入较多的镍，可以显著提高钢的抗蠕变能力。（　　）

答：√。

23. 受热面管子的壁温≤580℃时可用钢号为 12Cr1MoV 的钢材。（　　）

答：√。

三、选择题 ［将正确答案的序号"（×）"写在题内横线上］

1. 流体的体积流量与质量流量之间的关系是_____。

（1）$q_m = \rho q_V$；（2）$q_m = \rho g q_V$；（3）$q_m = q_V$。

答：（1）。

2. 文丘里管装置是测定管道中流体的_____。

（1）压力；（2）体积流量；（3）阻力。

答：（2）。

3. 皮托管装置是测定管道中流体的_____。

（1）压力；（2）阻力；（3）流速。

答：（3）。

4. _____的分子间隙最小。

（1）液体；（2）气体；（3）固体。

答：（3）。

5. 当流量一定时，下列叙述正确的是_____。

（1）截面积大，流速快；（2）截面积大，流速小；（3）截面积小，流速小。

答：（2）。

6. 已知介质的压力 p 和温度 t，若 t 小于 p 所对应的 $t_{饱}$ 时，介质所处的状态是_____。

（1）未饱和水；（2）饱和水；（3）过热蒸汽。

答：（1）。

7. 已知介质的压力 p 和温度 t，若 p 小于 t 所对应的 $p_{饱}$ 时，介质所处的状态是_____。

(1) 未饱和水；(2) 饱和水；(3) 过热蒸汽。

答：(3)。

8. 饱和压力愈高，所对应的汽化潜热_____。

(1) 愈大；(2) 愈小；(3) 不变。

答：(2)。

9. 锅炉水冷壁管内壁结垢后可造成_____。

(1) 传热增强，壁温升高；(2) 传热减弱，管壁温度降低；
(3) 传热减弱，管壁温度升高。

答：(3)。

10. 锅炉炉膛出口烟气温度的测定用_____温度计。

(1) 压力式；(2) 热电偶；(3) 热电阻。

答：(2)。

11. 蒸汽动力设备循环广泛采用_____。

(1) 卡诺循环；(2) 朗肯循环；(3) 回热循环。

答：(2)。

12. 差压式流量表所测得的压差与流量的关系是_____。

(1) $Q = \Delta p$；(2) $Q = k\sqrt{\Delta p}$；(3) $Q = \dfrac{\sqrt{\Delta p}}{k}$。

答：(2)。

13. 由于某种原因，引起汽包水位下降，调节器动作，
_____给水调节阀开度。

(1) 关小；(2) 开大；(3) 不变。

答：(2)。

14. 锅炉参数发生变化时，汽包水位若不变，低置差压水位
计的输出压差_____。

(1) 变化；(2) 不变；(3) 看不出来。

答：(1)。

15. 变压器低压绕组比高压绕组的导线直径_____。

(1) 粗；(2) 细；(3) 相等。

答：(1)。

16. 在并联电路中电阻的倒数等于各分支电阻的_____。

(1) 之和；(2) 之差；(3) 倒数和。

答：(3)。

17. 高压锅炉汽包一般多采用_____。

(1) 20g 优质碳素钢；(2) 普通低合金钢；(3) 高级合金钢。

答：(2)。

18. 20 号钢的导汽管允许温度为_____。

(1) < 450℃；(2) = 450℃；(3) > 450℃。

答：(1)。

四、计算题

1. 锅炉汽包压力表读数为 9.604MPa，大气压力表的读数为 101.7kPa，求汽包内工质的绝对压力。

解 已知 $p_g = 9.604$MPa，$p_a = 101.7$kPa $= 0.1017$MPa，则

$$p = p_g + p_a = 9.604 + 0.1017 = 9.7057(\text{MPa})$$

答：汽包内工质的绝对压力是 9.7057MPa。

2. 某锅炉一次风管道直径为 $\phi 300$mm，测得风速为 23m/s，试计算其通风量每小时为多少 m³。

解 已知 $\omega = 23$m/s，$D = 300$mm $= 0.3$m。

根据 $Q = \omega F$，$F = \pi D^2/4$，则

$$Q = \omega \pi D^2/4 = 23 \times 3.14 \times 0.3^2/4$$
$$= 1.625(\text{m}^3/\text{s}) = 1.625 \times 3600 = 5850(\text{m}^3/\text{h})$$

答：通风量为 5850m³/h。

3. 水在某容器内沸腾，如压力保持 1MPa，对应饱和温度 $t_0 = 180$℃，加热面温度保持 $t_1 = 205$℃，沸腾放热系数为 85700W/(m²·℃)，求单位加热面上的换热量。

解 $q = a(t_1 - t_0) = 85700(205 - 180) = 2142500(\text{W/m}^2)$
$$= 2.14(\text{MW/m}^2)$$

答：单位加热面上的换热量是 2.14MW/m²。

4. 求绝对黑体在温度 $t = 1000$℃时和 $t = 0$℃时，每小时所辐

射的热量［辐射系数 $C_0 = 5.67\text{W}/(\text{m}^2 \cdot \text{K}^4)$］。

解 当 $t = 1000\,℃$ 时，$T = 1000 + 273 = 1273\text{K}$，则

$$E_0 = C_0(T/100)^4 = 5.67 \times (1273/100)^4 = 148901(\text{W}/\text{m}^2)$$

当 $t = 0\,℃$ 时，$T = 273\text{K}$，则

$$E_0 = C_0(T/100)^4 = 5.67 \times (273/100)^4 = 315(\text{W}/\text{m}^2)$$

答：当 $t = 1000\,℃$ 时和 $t = 0\,℃$ 时，辐射的热量分别是 $148901\text{W}/\text{m}^2$ 和 $315\text{W}/\text{m}^2$。

5. 某汽轮发电机额定功率为 20 万 kW，求 1 个月内（30 天）该机组的额定发电量为多少千瓦·时？

解 已知该机组的功率 $P = 20 \times 10^4 \text{kW}$

发电时间 $t = 30 \times 24 = 720\text{h}$

则该机组的发电量为

$$W = Pt$$
$$= 20 \times 10^4 \times 720$$
$$= 1.44 \times 10^6(\text{kWh})$$

答：该机组的发电量为 $1.44 \times 10^6 \text{kWh}$。

6. 两种总重量相等，而又互不混合的油，总深度 $h = 4\text{m}$，其中重油 $\rho_2 g = 880\text{N}/\text{m}^3$，轻油 $\rho_1 g = 650\text{N}/\text{m}^3$，问重油机轻油深度 h_2 及 h_1 各为多少？分别装设的测压管的液面将上升到什么高度？如图 1-9 所示。

解 ∵ 两种液体总质量相等

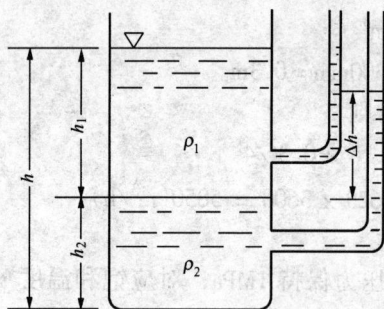

图 1-9 压力计算图

∴ $m_1 = m_2$

$$A_1 h_1 \rho_1 = A_2 h_2 \rho_2$$

又 ∴ $A_1 = A_2$

$$\therefore \quad h_1\rho_1 = \rho_2 h_2$$

又 $\quad \because \quad h_1 + h_2 = h$

$$\therefore \quad h_2 = h - h_1$$

$$\therefore \quad h_1\rho_1 = \rho_2\,(h - h_1)$$

$$h_1 = \frac{\rho_2 h}{\rho_1 + \rho_2} = \frac{\rho_2 g h}{\rho_1 g + \rho_2 g} = \frac{880 \times 4}{880 + 650} = 2.3(\mathrm{m})$$

$$h_2 = h - h_1 = 4 - 2.3 = 1.7(\mathrm{m})$$

根据连通器的原理，轻油装设的测压管的液面与轻油液面处于同一水平线。

又 $\quad \because \quad \rho_1 h_1 = \rho_2 \Delta h$

$$\therefore \quad \Delta h = \frac{\rho_1}{\rho_2} h_1 = \frac{\rho_1 g}{\rho_2 g} h_1 = \frac{650}{880} \times 2.3 = 1.7(\mathrm{m})$$

答：重油和轻油的深度分别为 1.7m 和 2.3m；两测压管的液面如图 1-9 所示，$\Delta h = 1.7\mathrm{m}$。

7. 锅炉某受热面壁厚为 $\delta_1 = 6\mathrm{mm}$，热导率 $\lambda_1 = 200\mathrm{W}/$ $(\mathrm{m \cdot ℃})$，内表面贴附着一层厚度为 $\delta_2 = 1\mathrm{mm}$ 的水垢，水垢的热导率为 $\lambda_2 = 0.528\mathrm{W}/$ $(\mathrm{m^2 \cdot ℃})$，外表面敷有一层厚度 $\delta_3 = 0.5\mathrm{mm}$ 的灰，灰的热导率 $\lambda_3 = 0.116\mathrm{W}/$ $(\mathrm{m \cdot ℃})$，已知受热面外壁温度 $t_1 = 350℃$，水垢内表面温度 $t_2 = 300℃$，求通过此受热面的热流密度。

解 热流密度为

$$q = \frac{\Delta t}{\dfrac{\delta_1}{\lambda_1} + \dfrac{\delta_2}{\lambda_2} + \dfrac{\delta_3}{\lambda_3}}$$

$$= \frac{t_1 - t_2}{\dfrac{\delta_1}{\lambda_1} + \dfrac{\delta_2}{\lambda_2} + \dfrac{\delta_3}{\lambda_3}}$$

$$= \frac{350 - 300}{\dfrac{0.006}{200} + \dfrac{0.001}{0.582} + \dfrac{0.0005}{0.116}}$$

$$= 8.2528 \times 10^3 (\mathrm{W/m^2})$$

答：此受热面的热流密度为 $8.2528 \times 10^3 \text{W/m}^2$。

8. 设人体最小电阻为 1000Ω，当通过人体的电流达到 50mA 时就会危及人身安全，试求安全工作电压。

解 已知 $R = 1000\Omega$，$I = 50\text{mA} = 0.05\text{A}$，则

$$U = IR = 0.05 \times 1000 = 50(\text{V})$$

答：工作安全电压应小于 50V。

9. 两根输电线，每根的电阻为 1Ω，通过的电流年平均值为 50A，一年工作 4200h，求此输电线一年内的电能损耗多少？

解 已知 $R_1 = R_2 = 1\Omega$，$I_{均} = 50\text{A}$，$t = 4200\text{h}$。

$\therefore \quad R = 2 \times 1 = 2 \ (\Omega)$

$\therefore \quad W_{损} = I^2 Rt$

$\qquad = 50^2 \times 2 \times 4200$

$\qquad = 21000000(\text{Wh})$

$\qquad = 21000\text{kWh}$

答：此输电线一年内的电能损耗为 21000kWh。

10. 已知一物体吸收系数 $\alpha = 0.75$，求当该物体温度 $t = 127℃$，每小时辐射的热量，辐射系数 $C_0 = 5.67\text{W/} (\text{m}^2 \cdot \text{K}^4)$。

解 $E = \alpha E = \alpha C_0 (T/100)^4$

$\qquad = 0.75 \times 5.67 \times [(273 + 127)/100]^4$

$\qquad = 1089(\text{W/m}^2)$

答：该物体的辐射量是 1089W/m^2。

五、问答题

1. 何谓虹吸现象？

答：虹吸现象是指水越过高位容器液面而流向低位容器液面的现象。

2. 何谓功率？其单位是什么？

答：功率是指单位时间内所做的功。

电功率的单位是千瓦（kW）。1 千瓦的含义是每秒钟做了 1kJ 的功，即 $1\text{kW} = 1\text{kJ/s}$。

3. 何谓水击？分析水击现象。

答： 水击是指蒸汽或汽水混合物进入比其饱和温度低的水中产生蒸汽骤然凝结时发出敲击声并产生振动的现象。

例如向采暖系统供汽时，由于管内有一定的积水，水温较低，当蒸汽以一定的速度冲入时形成许多汽泡，这些汽泡遇冷急剧凝结形成真空。周围的水以很高的速度向真空区冲击，形成强烈水击，局部压力升高。因此，产生很大的响声和振动。

4. 水击分哪两种？各有何危害？

答： 水击分为正水击和负水击两种。

（1）正水击时，管道中的压力升高，可以超过管中正常压力的几十倍至几百倍，以致使壁衬产生很大的应力，而压力的反复变化将引起管道和设备的振动，管道的应力交变变化，都将造成管道、管件和设备的损坏。

（2）负水击时，管道中的压力降低，也会引起管道和设备振动。应力交递变化，对设备有不利的影响。同时负水锤时，如压力降得过低，可能使管中产生不利的真空，在外界大气压力的作用下，会将管道挤扁。

5. 增强传热的方法有哪些？

答： 增强传热的方法有以下三种：

（1）提高传热的平均温差。

（2）在一定的金属耗量下增加传热面。

（3）提高传热系数。

6. 卡诺循环对实际循环有何指导意义？

答： 卡诺循环对怎样提高各种热力循环的热效率指出了方向，并给出了一定的高低温热源热变功的最大值，因此用卡诺循环的热效率作为标准，可以衡量其他循环中热变功的完善程度。

7. 简述热力学第二定律的三种表述方法。

答：（1）在热力循环中，工质从热源中吸收的热量不可能全部转变为功，其中一部分不可避免地要传给冷源而成为冷源损失。

（2）任何一种热机必须有一个高温热源和一个低温热源。

（3）热不可能自动地从低温热源传到高温热源。

8.热电偶温度计的测温原理怎样？

答：热电偶温度计是由热电偶、电气测量仪表和连接导线等三部分组成。热电偶是用两根不同的金属导线将其一端焊接在一起构成。热电偶的焊接端称为热端（工作端），没有焊接的一端，称为冷端，将热电偶工作端插入被测量的设备或管道中，使其工作端感受到被测介质的温度。其冷端置于设备或管道的外面，并通过导线与测量微电势的电气仪表连接起来，构成闭合回路。由于热电偶两端所处的温度不同，就产生了电动势和电流。其冷端的电动势按 0℃时的热电动势计算（其误差由冷端温度补偿器消除）。热电偶两端的温度差越大，电动势越大。电动势的大小，能够直接表示热端温度的大小。

9.热工信号装置所使用的音响设备和显示设备有哪些？

答：热工信号装置所使用的音响设备有电铃、电笛、蜂鸣器及语音报警等。

热工信号装置的显示设备有光字牌、红绿灯、屏幕显示器等。

10.使用压力表应注意什么？

答：使用压力表应注意以下事项：

（1）应考虑引压管内液柱高度所产生的压力误差，当表计指示不准时，应向热工人员查询。

（2）测量高温介质或蒸汽时，压力表前应装环行管，防止弹性元件与高温介质长期接触而改变弹性。

（3）真空管应保证引压管严密不漏。

11.锅炉受热面部件管壁温度的测量方法怎样？

答：因设备和安装的原因，通常是测量炉外不受热部分的管壁温度，比实际受热部分的管壁温度低 30～40℃，因此在测得的温度上要增加一个恒定的补偿器，才是实际的管壁温度。

12.自动控制装置有哪些基本部件？其作用是什么？

答：自动控制装置的基本部件有测量部件（变送器）、运算部件（调节器）和执行机构（执行器）。

（1）测量部件，用来测量被调量的大小，能把被调量的大小转变成与其成比例的电流或电压信号传送出去。

（2）运算部件，能接受测量部件送来的被测信号，并把它与定值器送来的信号进行比较，当被调量与给定之有偏差时。产生一个反映偏差方向和大小的信号，同时又按调节器所具有的某种运算规律进行运算，根据运算结果发出调节信号。

（3）执行机构，按照调节器送来的调节信号去控制调节机构以及阀门开大或关小。

13. 何谓燃烧调节系统？

答： 燃烧调节是靠汽压、送风和引风调节三个系统之间密切协调完成的。它们共同组成燃烧过程自动调节系统，称燃烧调节系统。

14. 画出电触点水位计的原理示意图。

答： 如图1-10所示。

15. 何谓基尔霍夫第二定律？

答： 基尔霍夫第二定律，又叫基尔霍夫电压定律，它确定了电路任一回

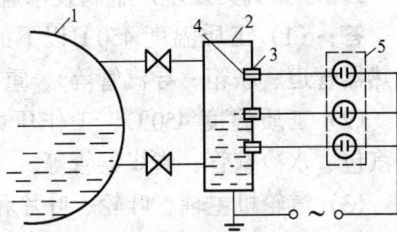

图1-10 电触点水位计原理图

路中各部分电压之间的相互关系，即对任一回路，沿任一方向绕行一周，各电源电势的代数和等于各电压降的代数和。

16. 试比较交流电与直流电的特点？并指出交流电的优点？

答： 交流电的大小和方向均随时间按一定的规律作周期性变化，而直流电的大小和方向均不随时间变化。在波形图上，正弦交流电是正弦函数曲线，而直流电是平行于时间轴的直线。

交流电的优点是：电压可经变压器进行变换，输电时将电压升高，以减少输电线路上的功率损耗和电压损失。用电时将电压降低，可保证用电安全，并可降低设备的绝缘要求，交流用电设

备的造价较低。

17. 为什么金属机壳上要安装接地线？

答： 在金属机壳上安装保护接地线，是一项安全用电的措施，它可以防止发生人体触电事故。当设备内的电线外层绝缘磨损、灯头开关等绝缘外壳破裂时，均会造成该设备的金属外壳带电，当外壳的电压超过安全电压时，人体触及后就会危及生命安全。如果在金属外壳上接入可靠的地线，就会使机壳与大地保持等电位（即零电位），人体触电后不会带电，从而保证人身安全。

18. 何谓金属材料的疲劳极限和化学性能？

答： 疲劳极限是指金属材料在交变应力作用下，经无数次循环而不破坏的最大应力值。

金属材料的化学性能是指金属材料在一定温度条件下与其他物质发生化学反应的性能。

19. 小型火力发电厂金属技术监督的范围是什么？

答：（1）工质温度 450℃ 以下的承压部件（如主蒸汽管道、过热器管道、联箱、导汽管等），重要紧固件，合金铸钢件等。

（2）工质温度 450℃、工作压力小于 4.3MPa 的承压部件，如汽包、水冷壁管、省煤器管等。

（3）汽轮机主轴、叶轮、叶片和发电机主轴、护环等。

第二章 辅 助 岗 位

第一节 初 级 工

一、填空题

1. 蒸汽锅炉按其用途可分为 ① 和 ② 。

答：①电站锅炉；②工业锅炉。

2. 锅炉设备包括锅炉 ① 和 ② 两大部分。

答：①本体；②辅助设备。

3. 燃料在炉内的四种主要燃烧方式是 ① 、 ② 、 ③ 和 ④ 。

答：①层状燃烧；②悬浮燃烧；③旋风燃烧；④流化燃烧。

4. 火力发电厂生产过程的三大设备是 ① 、 ② 和 ③ 。

答：①锅炉；②汽轮机；③发电机。

5. 燃煤炉按排渣方式的不同可分为 ① 排渣炉和 ② 排渣炉。

答：①固态；②液态。

6. 燃料按物态可分成 ① 燃料、 ② 燃料、 ③ 燃料。

答：①固体；②气体；③液体。

7. 煤的成分分析有 ① 分析和 ② 分析两种方法。

答：①元素；②工业。

8. 煤的工业分析成分包括 ① 、 ② 、 ③ 、 ④ 。

答：①水分；②挥发分；③固定碳；④灰分。

9. 煤的发热量的高低是由_____元素成分决定的。

答：碳、氢。

10. 根据燃料中的 ① 含量，将电厂用煤划分为 ② 、 ③ 和 ④ 。

答：①挥发分；②无烟煤；③烟煤；④褐煤。

11. 煤灰的熔融性常用三个温度表示，它们是 ① 、 ② 、 ③ 。在通常情况下，控制炉膛出口烟温比 ④ 低 50～100℃。

答：①变形温度；②软化温度；③融化温度；④软化温度。

12. ① 是煤中单位发热量最高的元素， ② 是煤中可燃而又有害的元素。

答：①氢；②硫。

13. 煤的元素分析成分中的可燃元素是 ① 、 ② 、 ③ 。

答：①碳；②氢；③硫。

14. 灰分是煤中的 ① 成分，当其含量高时，煤的发热量 ② ，燃烧效率 ③ 。

答：①杂质；②降低；③降低。

15. 褐煤与无烟煤相比，其挥发分含量 ① ，碳的含量 ② ，灰分含量 ③ ，发热量 ④ ，着火温度 ⑤ ，燃烧较 ⑥ 。

答：①较高；②较低；③较高；④较低；⑤较低；⑥完全。

16. 煤 的 元 素 分 析 成 分 是 ① 、 ② 、 ③ 、 ④ 、 ⑤ 、 ⑥ 、 ⑦ 。

答：①碳；②氢；③氧；④氮；⑤硫；⑥水分；⑦灰分。

17. 煤粉的品质通常用煤粉 ① 和 ② 表示。

答：①细度；②均匀度。

18. 制粉系统中最重要的设备是磨煤机，按转速分类，可分为 ① 磨煤机、 ② 磨煤机、 ③ 磨煤机三类。

答：①低速；②中速；③高速。

19. 制粉系统一般分为 ① 和 ② 两大类。

答：①直吹式制粉系统；②中间储仓式制粉系统。

20. 磨煤出力是指在___①___内，在保证一定___②___的条件下，磨煤机所磨制的___③___。

答：①单位时间；②煤粉细度；③原煤量。

21. 给煤机的类型有___①___给煤机、___②___给煤机、___③___给煤机、___④___给煤机。

答：①圆盘式；②刮板式；③电磁振动式；④皮带式。

22. 锁气器的作用是___①___，常用的两种锁气器是___②___和___③___锁气器。___④___锁气器可装在垂直和倾斜管道上，___⑤___锁气器只能安装在垂直管段上。

答：①只允许煤粉通过，而不允许空气通过；②草帽式；③翻板式；④翻板式；⑤草帽式。

23. 煤粉越细，煤粉与空气的接触面积___①___，煤粉越容易___②___。对挥发分含量较高的煤不宜将煤磨得___③___。

答：①越大；②自燃和爆炸；③过细。

24. 低速筒型球磨机的最大优点是___①___，可以___②___。

答：①能磨各种不同的煤；②长期连续可靠运行。

25. 锅炉所用阀门按用途可分为___①___、___②___、___③___、___④___。

答：①截止阀；②调节阀；③逆止阀；④减压阀。

26. 截止阀是用于___①___和___②___管道中的介质。

答：①接通；②切断。

27. 逆止阀是用来自动防止管道中的介质_____。

答：倒流。

28. 减压阀是用来_____介质压力。

答：降低。

29. 发电厂常用的除尘器有___①___除尘器、___②___除尘器、___③___除尘器。

答：①湿式；②电气；③陶瓷多管式。

30. 电气除尘器是利用___①___，使烟气中的___②___带电，通过___③___进行分离的装置。

答：①电晕放电；②灰粒；③静电作用。

31. 燃煤锅炉的烟气中含有大量的飞灰，飞灰若随烟气直接排入大气将____①____，为此电厂锅炉中都要装设____②____。

答：①严重污染环境；②除尘器。

32. 电厂的除灰方式分为____①____和____②____两种。

答：①水力除灰；②气力除灰。

33. 仓式泵用于____①____系统，它是一种____②____的压力容器，以____③____为输送介质和动力，周期性地排放____④____的除灰设备。

答：①气力除灰；②充气；③压缩空气；④干态细灰。

34. 文丘里湿式除尘器包括____①____和____②____两部分。

答：①喷管；②离心式水膜除尘器（捕滴器）。

35. 锅炉的灰渣经____①____进行破碎后，进入____②____被水冲至____③____中，然后由灰渣泵经压力输灰管送往灰场。

答：①碎渣机；②灰渣沟；③灰渣池。

36. 风机按其工作原理分为____①____和____②____两大类。[3]

答：①离心式；②轴流式。

37. 离心式风机的主要部件是____①____、主轴、____②____、____③____、____④____、____⑤____、轴承、螺旋室等组成。

答：①叶轮；②进风箱；③导流器；④集流器；⑤扩散器。

38. 离心风机根据风压的大小分为____①____、____②____、和____③____、热力发电厂使用的是____④____。

答：①通风机；②鼓风机；③压气机；④通风机。

39. 螺旋室的作用是收集叶轮排出的气流，并将气流的部分____①____能转化为____②____能。

答：①动；②压。

40. 后弯叶片可以获得_____，噪声也较小。

答：较高的效率。

41. 前弯叶片可以获得_____。

答：较高的压力。

42. 风机特性的基本参数是____①____、____②____、____③____、

④　和转速等。

答：①流量；②风压；③功率；④效率。

43．风机出力是表示电动机通过联轴器传至＿＿＿＿＿的功率。

答：风机轴。

44．余热锅炉的除灰装置多采用＿＿＿＿＿除灰机。

答：链板式。

45．两票是指　①　、　②　。

答：①工作票；②操作票。

46．三制是指　①　、　②　和　③　。

答：①交接班制；②设备巡回检查制；③设备定期维护轮换制。

47．一参数是指＿＿＿＿＿。

答：设备按规定参数运行。

48．两会一活动是指　①　、　②　和　③　。

答：①班前会；②班后会；③安全活动日。

49．当生产中发生异常情况或事故时，必须做到＿＿＿＿＿。

答：四不放过。

50．值班人员如需变动值班顺序时，应经＿＿＿＿＿批准。

答：值长。

51．对正常运行的风机应＿＿＿＿＿h检查一次。

答：2。

52．钢球磨煤机正常运行调整的主要任务是　①　和＿②＿。

答：①提高制粉系统出力；②保持合格的煤粉细度。

53．吸潮管是利用　①　把潮气吸出，可减少煤粉在　②　和＿③＿内受潮结块的可能，也可减少　④　的危险。

答：①排粉机的负压；②煤粉仓；③输粉机；④爆炸。

54．钢球磨煤机电流　①　，排粉机电流　②　，系统负压＿③＿，说明磨煤机煤量过多或堵煤。

答：①增大；②减小；③增大。

55. 如果风机故障跳闸，而在跳闸后未见异常，应 _____。

答：重合闸一次。

56. 风机在运行中发生振动、摩擦、撞击、发热，但未到危险程度，应首先 ① ，如果振动等现象不消失，则应 ② 。

答：①降低风机出力；②停机检修。

57. 若两台送风机都在运行，其中一台电源中断时，一、二次风压 ① ，炉膛负压 ② 。这时应将故障风机的开关搬到 ③ ， ④ 故障风机的出入口挡板， ⑤ 运行风机的入口挡板。

答：①减小；②增大；③停止位置；④关闭；⑤开大。

58. 离心泵启动前，应 ① 出口门， ② 入口门。

答：①关闭；②开启。

59. 停止水泵前，应将水泵出口门 ① ，直至 ② ，然后 ③ 。

答：①逐渐关小；②全关；③切断电源。

60. 水泵在运行中应按规定的时间观察 ① 表、 ② 表、 ③ 表的指示值是否正常。

答：①流量；②压力；③电流。

61. 水泵轴承的温升一般不得超过 ① ℃，滑动轴承温升最高不得超过 ② ℃，滚动轴承温升不得超过 ③ ℃。

答：①45；②65；③75。

二、判断题（在题末括号内作出记号：√表示对，×表示错）

1. 在电厂中锅炉是生产蒸汽的设备，锅炉的容量叫蒸发量，它的单位是 t/h。（   ）

答：√。

2. 锅炉蒸汽参数是指锅炉汽包出口处饱和蒸汽压力和温度。（   ）

答：×。

3. 燃料是指在燃烧过程中能够放出热量的物质。（　　）

答：√。

4. 煤质工业分析是煤质分析中水分、挥发分、灰分、固定碳等测定项目的总称。（　　）

答：√。

5. 氧是煤中的杂质。其含量越高，煤的放热量也越高。（　　）

答：×。

6. 挥发分是指在煤加热过程中分解出来的一些可燃气体。（　　）

答：×。

7. 工业分析成分中水分是指固有水分。（　　）

答：×。

8. 常用的燃煤基准有收到基、空气干燥基、干燥基和干燥无灰基四种。（　　）

答：√。

9. 煤的收到基工业分析为：

$C_{ar} + H_{ar} + N_{ar} + S_{ar} + O_{ar} + A_{ar} + M_{ar} = 100$。（　　）

答：×。

10. 煤的可燃成分是灰分、水分、氮、氧。（　　）

答：×。

11. 煤的高位发热量包括水蒸气凝结时放出的汽化潜热。（　　）

答：√。

12. 煤的焦结性是指煤在隔绝空气的情况下加热、水分蒸发、挥发分析出后剩余的焦炭可以结成不同硬度焦块的性质。（　　）

答：√。

13. 固定碳和灰分组成焦炭。（　　）

答：√。

14. 挥发分含量越高的煤粉，越不容易自燃和爆炸。（　　）

答：×。

15. 煤的灰熔点低，不容易引起水冷壁过热器受热面结渣（焦）。（　　）

答：×。

16. 无烟煤的特点是挥发分含量高，容易燃烧，而不易结焦。（　　）

答：×。

17. 电厂用煤的煤质特性，包括煤特性和灰特性两部分。（　　）

答：√。

18. 煤粉越细，则其燃烧的经济性越好。（　　）

答：×。

19. 细粉分离器的作用是将不合格的煤粉分离出来，送回磨煤机重新磨制。（　　）

答：×。

20. R_{90}越大，表示煤粉越细。（　　）

答：×。

21. 粗粉分离器是依靠重力、惯性、离心力作用等四种分离原理进行工作的。（　　）

答：√。

22. 煤粉仓装有吸潮管，以减少煤粉在煤粉仓内受潮结块的可能。（　　）

答：√。

23. 磨煤机启动前，其润滑油泵出、入口门应关闭。（　　）

答：×。

24. 当发现风机轴承温度过高时，应首先检查油位、油质和轴承冷却水的运行情况。（　　）

答：√。

25. 油质劣化时，应彻底更换润滑油。更换时，首先排放全

部旧油，然后加入新油到正常油位。（　　）

答：×。

26. 给粉机电源中断后，应立即切换至备用电源；无备用电源时，应紧急停炉。（　　）

答：√。

27. 若磨煤机、给煤机电流到零，发出跳闸警报，事故喇叭响，说明磨煤机跳闸。（　　）

答：√。

28. 由于油泵故障，导致油压过低，应立即停止制粉系统运行，停炉查找原因。（　　）

答：×。

29. 钢球磨煤机电流减小，说明磨煤机的载球量或载煤量减小。（　　）

答：√。

30. 从转动机械连锁关系分析，当排粉机跳闸时，给煤机、磨煤机不应跳闸。（　　）

答：×。

31. 直吹式制粉系统应装设防爆门。（　　）

答：×。

32. 湿式除尘器是一种不利用灰粒的离心力，而利用水的湿润作用的除尘设备。（　　）

答：×。

33. 电气除尘器的电极使用的电源是高压交流电源。（　　）

答：×。

34. 锅炉炉膛下部积聚的灰渣和除尘器分离出来的飞灰都必须及时而迅速地排走。（　　）

答：√。

35. 电除尘器前面电场收集的大多为细粉尘。（　　）

答：×。

36. 锅炉正常运行时可以停用除尘器。（　　）

答：×。

37. 锅炉灰渣斗的漏风不影响锅炉的正常运行。（　　）

答：×。

38. 冲灰器可根据灰量的多少连续地或间断地工作。（　　）

答：√。

39. 灰浆泵在额定状态下运行时，效率高。（　　）

答：√。

40. 刮板捞渣机的刮板是用耐磨、耐腐蚀材料制成。（　　）

答：√。

41. 除灰渣系统的灰渣沟不设备用。（　　）

答：√。

42. 干灰库的进灰口在灰库下部，排气在灰库的顶部。（　　）

答：×。

43. 锅炉除灰地点的照明应良好。（　　）

答：√。

44. 锅炉除渣地点应设事故照明。（　　）

答：√。

45. 放灰时，除灰设备和排灰沟附近应有人工作。（　　）

答：×。

46. 停止搅拌桶时，应先停止卸灰机运行。（　　）

答：√。

47. 阀门公称直径是指阀门密封面的直径。（　　）

答：×。

48. 闸阀在使用时可做调节阀用。（　　）

答：×。

49. 闸阀允许流体两个方向流动。（　　）

答：√。

50. 截止阀也可作为调节阀使用。（　　）

答：×。

51. 罗茨风机在正常情况下，压力改变时，风量变化很小，所以噪声低。（　　）

答：×。

52. 罗茨风机内的两个叶轮的旋转方向相同。（　　）

答：×。

53. 处于平衡通风的锅炉，炉膛内的压力略低于外界的大气压力。（　　）

答：√。

54. 离心式风机集流器的作用是保证气流均匀地充满叶轮的入口断面，减小风机的入口阻力。（　　）

答：√。

55. 叶轮是用来对气体作功并提高其能量的主要部件。（　　）

答：√。

56. 风机的节流调节是利用改变阀门开度进行工况调节的。（　　）

答：√。

57. 风机在正常运行过程中，若轴承冷却水突然中断，应立即停机检查。（　　）

答：√。

58. 风机停用时，应先关闭进口挡板或导流器，关闭出口挡板，然后停电动机。（　　）

答：√。

59. 锅炉给水泵输送的是一定压力下的饱和水。（　　）

答：×。

60. 离心泵的轴承不需要润滑和冷却。（　　）

答：×。

61. 汽动泵起动时，也需要进行暖机。（　　）

答：√。

62. 在交接班过程中双方意见不统一时，应当面提出并自行协商解决，否则应分别向上级汇报，由上级值班人员处理。
（　　）

答：√。

63. 交接班人员在交接班日志上签字后，接班人员才可以开始值班。（　　）

答：√。

64. 若接班人员未到，交班人员向接班值班长报告后，即可离开岗位。（　　）

答：×。

65. 值班人员在值班时间内可不定时地对所属设备进行巡回检查。（　　）

答：×。

66. 用电话联系工作时，应首先互报姓名，然后联系工作事项，联系者讲完后，对方应全面复述一遍，无误后方可执行。
（　　）

答：√。

67. 对待事故要坚持"四不放过"的原则，即事故原因不清不放过，事故责任者和应受教育者未受到教育不放过；没有采取防范措施不放过；事故责任者没有受到处理不放过。（　　）

答：√。

三、选择题 [将正确答案的序号"（×）"写在题内横线上]

1. 导致锅炉受热面酸性腐蚀的元素是_____。

（1）碳；（2）硫；（3）氧。

答：（2）。

2. 水分含量越高，则煤的发热量_____。

（1）越高；（2）越低；（3）不变。

答：（2）。

3. 无烟煤的挥发分含量_____褐煤的挥发分含量。

（1）等于；（2）高于；（3）低于。

答：（3）。

4. 碳的发热量_____氢的发热量。

（1）大于；（2）小于；（3）等于。

答：（2）。

5. 挥发分含量对燃料燃烧特性影响很大，挥发分含量高，则容易燃烧，_____的挥发分含量高，故很容易着火燃烧。

（1）无烟煤；（2）烟煤；（3）褐煤。

答：（3）。

6. 电厂排出的烟气，会造成大气污染，其主要污染物是_____。

（1）二氧化硫；（2）粉尘；（3）氮氧化物。

答：（1）。

7. _____是煤的组成成分中发热量最高的元素。

（1）碳；（2）硫；（3）氢。

答：（3）。

8. 无灰干燥基挥发分 V_{daf} 小于 10% 的煤是_____。

（1）无烟煤；（2）烟煤；（3）褐煤。

答：（1）。

9. 锅炉煤灰的熔点主要与灰的_____有关。

（1）组成成分；（2）物理形态；（3）硬度。

答：（1）。

10. FT 代表灰的_____。

（1）熔化温度；（2）变形温度；（3）软化温度。

答：（1）。

11. 低氧燃烧时，产生的_____较少。

（1）硫；（2）二氧化硫；（3）三氧化硫。

答：（3）。

12. 煤粉着火准备阶段内主要特征为_____。

（1）放出热量；（2）析出挥发分；（3）燃烧化学反应速度快。

答：（2）。

13. 燃煤中灰分熔点越高，_____。

（1）越不容易结焦；（2）越容易结焦；（3）越容易灭火。

答：（1）。

14. 气粉混合物_____时易爆炸。

（1）挥发分少；（2）温度高；（3）在管内流速低。

答：（2）。

15. 当煤粉在空气中的浓度为_____时，最容易发生爆炸。

（1）$0.5 \sim 1.2 kg/m^3$； （2）$1.2 \sim 2.0 kg/m^3$； （3）$2.0 \sim 3.0 kg/m^3$。

答：（2）。

16. 煤粉的均匀性指数 n 越大，则煤粉的均匀性_____。

（1）越好；（2）越差；（3）不变。

答：（1）。

17. 低速磨煤机的转速为_____。

（1）$16 \sim 25 r/min$；（2）$25 \sim 50 r/min$；（3）$50 \sim 75 r/min$。

答：（1）。

18. 高速磨煤机的转速为_____。

（1）$300 \sim 500 r/min$；（2）$500 \sim 1500 r/min$；（3）$1500 \sim 3000 r/min$。

答：（2）。

19. 在中间储仓式制粉系统中，旋风分离器的作用是_____。

（1）把粗粉与细粉分开；（2）将干燥剂与细粉分开；（3）将细粉中的水分蒸发出来。

答：（2）。

20. 制粉系统给煤机断煤，瞬间容易造成_____。

（1）汽压、汽温升高；（2）汽压、汽温降低；（3）汽包水位急骤升高。

答：（1）。

21. 停炉后为了防止煤粉仓自燃，应_____。

（1）打开煤粉仓挡板通风；（2）关闭所有挡板和吸潮管；（3）打开吸潮管阀门，保持粉仓负压。

答：（2）。

22. 防止制粉系统爆炸的主要措施有_____。

（1）解决系统积粉——维持正常气粉混合物流速，消除火源，控制系统温度在规程规定范围内；（2）认真监盘，细心调整；（3）防止运行中断煤。

答：（1）。

23. 煤粉过细可使_____。

（1）磨煤机电耗增加；（2）磨煤机电耗减少；（3）磨煤机电耗不变。

答：（1）。

24. 当低速筒型球磨机运行_____ h 后，需对钢球进行一次筛选、称量和添加。

（1）2000～2500；（2）2500～3000；（3）3000～3500。

答：（2）。

25. 备用磨煤机起动前其入口总风门应_____。

（1）关闭；（2）开启；（3）半关闭。

答：（1）。

26. 备用磨煤机起动前其冷风门应_____。

（1）关闭；（2）开启；（3）半关闭。

答：（2）。

27. 制粉系统处于正常运行状态时，其冷风门应_____。

（1）关闭；（2）开启；（3）半关闭。

答：（1）。

28. 在煤粉炉中，除尘器装在_____。

（1）吸风机之前；（2）吸风机之后；（3）空气预热器之前。

答：（1）。

29. _____是使粉尘沉积的主要部件，其性能好坏直接影响电除尘器的效率。

(1) 阳极系统；(2) 阴极系统；(3) 高压供电系统。

答：(1)。

30. _____ 是产生电晕、建立电场的最主要构件。

(1) 阳极系统；(2) 阴极系统；(3) 高压供电系统。

答：(2)。

31. 电除尘器一般阳极板和阴极板分别 _____。

(1) 接地、接负电性；(2) 接负电性、接地；(3) 接地、接地。

答：(1)。

32. 电除尘器设置进、出口烟箱的作用是 _____。

(1) 改善电场中气流的均匀性；(2) 减小烟气流速的阻力损失；(3) 避免粉尘沉积在进、出口管道内壁上。

答：(1)。

33. 电除尘器的接地电极是 _____。

(1) 放电极；(2) 集尘极；(3) 阴极。

答：(2)。

34. 卧式电除尘器中常用的极板形式是 _____。

(1) 网状；(2) 波纹状；(3) 大 C 形。

答：(3)。

35. 电除尘器气流分布板的作用是 _____。

(1) 改变烟气流动方向；(2) 提高粉尘荷电能力；(3) 使烟气流速均匀。

答：(3)。

36. 阴极、阳极振打装置应在 _____ 投入。

(1) 锅炉点火前 12h；(2) 锅炉点火前 5h；(3) 锅炉点火前 2h。

答：(3)。

37. 陶瓷多管式除尘器属于 _____。

(1) 湿式除尘器；(2) 电气除尘器；(3) 干式除尘器。

答：(3)。

38. 陶瓷多管式除尘器是在_____作用下，灰粒分离落入灰斗中。

(1) 惯性力；(2) 离心力；(3) 重力。

答：(2)。

39. 装于除尘器和烟道底部的灰斗下面，用来清除灰斗中细灰的设备是_____。

(1) 灰渣泵；(2) 碎渣机；(3) 冲灰器。

答：(3)。

40. 水膜除尘器利用的是_____进行除尘的。

(1) 离心原理；(2) 撞击原理；(3) 惯性力。

答：(1)。

41. 排灰系统启动应在_____进行。

(1) 锅炉点火前 12h；(2) 锅炉点火前 5h；(3) 锅炉点火前 2h。

答：(3)。

42. 仓式泵用于_____系统。

(1) 水力除灰；(2) 气力除灰；(3) 电气除尘。

答：(2)。

43. 灰渣泵是用来输送_____的设备。

(1) 水；(2) 气；(3) 水和灰渣混合物。

答：(3)。

44. 气力除灰系统中干灰被吸送，此系统为_____气力除灰系统。

(1) 正压；(2) 负压；(3) 微负压。

答：(2)。

45. 枪式吹灰器使用的介质是_____。

(1) 空气；(2) 过热蒸汽；(3) 湿蒸汽。

答：(2)。

46. 捞渣机运行中，灰渣门应开启至_____位置。

(1) 水平；(2) 垂直；(3) 倾斜某一角度。

答：（2）。

47. 水力除灰管道的流速一般不超过_____ m/s。

（1）2；（B）3；（3）4。

答：（1）。

48. _____用于接通和切断管道中的介质。

（1）截止阀；（2）调节阀；（3）逆止阀。

答：（1）。

49. 负责把经空气预热器预热的热风送进炉膛的风机是_____。

（1）吸风机；（2）送风机；（3）排粉风机。

答：（2）。

50. _____负责把炉膛内的烟气排出炉外，维持炉内的压力正常。

（1）吸风机；（2）送风机；（3）排粉风机。

答：（1）。

51. _____是风机产生压头、传递能量的主要构件。

（1）叶轮；（2）轮毂；（3）前盘。

答：（1）。

52. 风机在工作过程中，不可避免地会发生流体_____，以及风机本身的传动部分产生摩擦损失。

（1）撞击；（2）泄漏；（3）摩擦、撞击、泄漏。

答：（3）。

53. 风机的全压是风机出口和入口全压_____。

（1）之和；（2）之差；（3）乘积。

答：（2）。

54. 随着运行小时数增加，引风机振动逐渐增大的主要原因一般是_____。

（1）轴承磨损；（2）进、出风不正常；（3）风机叶轮磨损。

答：（3）。

55. 离心式风机调节风机负荷的设备是_____。

（1）集流器；（2）导流器；（3）进风箱。

答：（2）。

56. 离心式风机进气箱的作用是将气流以最小的_____引入风机。

（1）风量；（2）风压；（3）阻力。

答：（3）。

57. 水泵起动时，空转时间一般不应超过_____min。

（1）2；（2）3；（3）4。

答：（2）。

58. 在正常运行中，若发现电动机冒烟，应_____。

（1）继续运行；（2）申请停机；（3）紧急停机。

答：（3）。

59. 风机运行时，如因电流过大或摆动幅度大的情况下跳闸，_____。

（1）可强行起动一次；（2）可在就地监视下起动；（3）不应再强行起动。

答：（3）。

60. 接班人员必须在接班前_____min换好工作服到达指定地点，参加班前会。

（1）5；（2）10；（3）15。

答：（3）。

61. 交班人员在交班前_____min做好交班准备。

（1）10；（2）20；（3）30。

答：（3）。

62. 因交接记录错误而发生问题由_____负责。

（1）交班人员；（2）接班人员；（3）值长。

答：（1）。

63. 由于接班人员检查不彻底发生的问题，由_____负责。

（1）交班人员；（2）接班人员；（3）值长。

答：（2）。

64. 转动机械起动前，油箱油位为油箱高度的_____。

(1) $\frac{1}{3} \sim \frac{1}{2}$；(2) $\frac{1}{2} \sim \frac{2}{3}$；(2) $\frac{2}{3} \sim \frac{3}{3}$。

答：(2)。

四、计算题

1. 试计算标准煤低位发热量 7000kcal/kg，为多少千焦/千克。

解 标准煤低位发热量 $= 7000 \times 4.1816 = 29271.2$（kJ/kg）

答：标准煤低位发热量 29271.2kJ/kg。

2. 试计算 1kWh 等于多少千焦？

解 $1kWh = 860cal = 860 \times 4.1816 = 3600$（kJ）

答：1kWh 等于 3600kJ。

3. 某台锅炉燃用低位发热量 $Q_{ar \cdot net} = 23417kJ/kg$，耗煤量为 50t/h，试折合标准煤为多少吨？（标准煤 $Q_{ar \cdot net} = 29271.2kJ/kg$）

解 $B_b = BQ_{ar \cdot net}/29271.2 = 50 \times 23417/29271.2 = 40(t)$

答：需标准煤 40t。

4. 某额定蒸发量为 1110t/h 的锅炉，当锅炉实际负荷为 900t/h 时，吸风机每小时耗电量 2050kWh，送风机每小时耗电量 3000kWh，试求吸风机和送风机单耗。

解 $P_{ID} = 2050/900 = 2.278(kWh/t)$（汽）

$P_{FD} = 3000/900 = 3.33(kWh/t)$（汽）

答：吸风机单耗为 2.278kWh/t（汽），送风机单耗为 3.3kWh/t（汽）。

5. 某台锅炉 3A 磨煤机出力 36.5t/h，耗电量为 1111kWh；3B 磨煤机出力 35t/h，耗电量为 1111kWh。3A 一次风机耗电量为 850kWh，3B 一次风机耗电量为 846kWh。试求磨煤机单耗、一次风机单耗、制粉系统单耗。

解 $P_M = \Sigma P/\Sigma B = 1111 \times 2/(36.5 + 35) = 31(kWh/t)$

$P_{PA} = \Sigma P/\Sigma B = (850 + 846)/(36.5 + 35) = 23.7(kWh/t)$

$$P = 31 + 23.7 = 54.7(\text{kWh/t})$$

答：磨煤机单耗为 31kWh/t，一次风机单耗 23.7kWh/t，制粉系统单耗 54.7kWh/t。

6. 某发电机组发电煤耗为 310g/kWh，厂用电率 8%，求供电煤耗。

解 $b_g = b_f/(1 - 0.08) = 310/(1 - 0.08) = 337(\text{g/kWh})$

答：供电煤耗为 337g/kWh。

7. 已知某除尘器阳极板高度 h 为 12m，单电场宽度 d 为 4m，试计算该除尘器电场截面积是多少？

解 因为电场截面积 F 为电场有效高度与电场宽度的乘积，所以有

$$F = hd = 12 \times 4 = 48(\text{m}^2)$$

答：该除尘器电场截面积为 48m²。

五、问答题

1. 锅炉设备的作用是什么？

答：是利用燃料燃烧所放出的热量加热工质，生产具有一定压力和温度的蒸汽的设备。

2. 说明 HG – 120/3.82 – 4 锅炉型号中各项所代表的意义。

答：HG 表示哈尔滨锅炉厂；

120 表示锅炉容量为 120t/h；

3.82 表示过热蒸汽压力为 3.82MPa；

4 表示设计序号。

3. 煤的工业分析成分有哪些？哪些成分是可燃的？

答：煤的工业分析成分包括水分、挥发分、固定碳和灰分。其中挥发分、固定碳是可燃成分。

4. 煤中的硫分为何是有害成分？

答：燃料中含有的硫燃烧后生成二氧化硫和三氧化硫，能与烟气中凝结的水蒸气化合生成亚硫酸和硫酸，对锅炉低温受热面产生强烈的腐蚀。此外，含有氧化硫的烟气对人体和动植物都有害。

5. 何谓高位发热量和低位发热量？

答： 高位发热量是指 1kg 煤完全燃烧而生成的水蒸气凝结成水时，煤所放出的热量。

低位发热量是指 1kg 煤完全燃烧而生成的水蒸气未凝结成水时，煤所放出的热量。

6. 何谓标准煤？其表达式怎样？

答： 规定应用基低位发热量为 29308kJ/kg 的煤为标准煤，即

$$B_b = \frac{BQ_{ar \cdot net}}{29308} \quad (kg/h)$$

式中　B_b——标准煤的消耗量，kg/h；

　　　B——实际煤的消耗量，kg/h；

　　$Q_{ar \cdot net}$——实际煤的应用基低位发热量，kJ/kg。

7. 何谓煤粉细度？

答： 煤粉细度是指经过专用筛子筛分后，残留在筛子上的煤粉质量占筛分前煤粉总质量的百分数，用 R 表示，即

$$R = \frac{a}{a + b} \times 100\%$$

式中　a——筛子上面剩余的煤粉质量，g；

　　　b——通过筛子的煤粉质量，g。

8. 简述低速筒型球磨机的工作原理。

答： 球磨机的圆筒由电动机、减速器带动而旋转，圆筒内的锰合金钢球，在波浪形护板的带动下到达一定的高度，由于钢球所受到的离心力小于钢球的重力，钢球落下，将煤击碎。同时，钢球在圆筒内旋转时，煤受球与球之间、球与钢瓦之间产生的挤压、碾磨作用而破碎。最后煤被磨成一定细度和均匀度的煤粉。

9. 简述中速平盘磨的工作原理。

答： 原煤由落煤管输送到转盘的中部，转盘由电动机带动不断旋转，煤依靠离心力的作用移动到辊子的底部，而辊子又被转盘带着旋转，在其转动的过程中将煤碾压成粉末。热风进入风室，沿着环形风道以一定的风速将制成的煤粉带到磨煤机上部的

粗粉分离器中。不合格的煤粉被粗粉分离器分离出来后，回到平盘磨转盘上重新磨制；合格的煤粉经细粉分离器分离后进入煤粉仓。

10. 什么是直吹式制粉系统，有哪几种类型？

答： 磨煤机磨出的煤粉，不经中间停留，而被直接吹送到炉膛去燃烧的制粉系统，称直吹式制粉系统。

根据排粉机安装位置不同，直吹式制粉系统分为正压系统与负压系统两类。

11. 排粉机的作用是什么？

答： 排粉机是制粉系统中气粉混合物的动力来源，靠它克服流动过程中的阻力，完成煤粉的气力输送。在直吹式制粉系统、中间储仓式乏气送粉系统中，排粉机还起一次风机作用，靠它产生的压头将煤粉气流吹送到炉膛。

12. 密封风机的作用是什么？

答： 正压状态运行的磨煤机，不严密处有可能往外冒粉，污染周围环境，甚至可能通过转动部分的间隙漏粉，加剧动静部位及轴承的磨损，并使润滑油脂劣化。为此，这些部位均应采取密封措施，即由密封风机送入压力较磨煤机内干燥剂压力高的空气，阻止煤粉气流的逸出。

13. 制粉系统中为什么要装锁气器，哪些位置需装锁气器？

答： 制粉系统中，锁气器的作用是只允许煤粉通过，而阻止气流的流通。

锁气器安装在细粉分离器的落粉管上、粗粉分离器的回粉管上以及给煤机到磨煤机的落煤管上。

14. 防爆门的作用是什么？制粉系统哪些部位需装设防爆门？

答： 装设防爆门的作用是，制粉系统一旦发生爆炸时，防爆门首先破裂，气体由防爆门排往大气，使系统泄压，防止损坏设备，保障人身安全。

防爆门应装在磨煤机进出口管道上，粗粉分离器、细粉分离器及其出口管道上，煤粉仓、螺旋输粉机、排粉机前等处。

15. 制粉系统中再循环风门的作用是什么？

答： 中间储仓式制粉系统中由排粉机出口至磨煤机入口的管子称为再循环管，其上的挡板称再循环风门，通过该管可引一部分乏气返回磨煤机。乏气温度较低，可用来调节制粉系统干燥剂温度，由于乏气通入，使干燥剂的风量增大，可以提高磨煤机的出力。因此，再循环风门是控制干燥温度、协调磨煤风量与干燥风量的手段之一。再循环风门开度的大小，需根据煤的水分、挥发分大小和控制干燥剂温度的高低来确定。

16. 什么是煤粉的经济细度？如何确定经济细度？

答： 把机械未完全燃烧热损失 q_4、磨煤电耗及金属磨耗 q_{p+m} 核算成统一的经济指标，它们之和为最小时所对应的煤粉细度，称经济煤粉细度或最佳煤粉细度。

17. 煤粉的主要物理特性有哪些？

答： （1）颗粒特性。煤粉由尺寸不同、形状不规则的颗粒组成，一般煤粉颗粒直径范围为 $0 \sim 1000 \mu m$，大多为 $20 \sim 50 \mu m$。

（2）煤粉的密度。煤粉密度较小，新磨制的煤粉堆积密度约为 $0.45 \sim 0.5 t/m^3$，储存一定时间后堆积密度变为 $0.8 \sim 0.9 t/m^3$；

（3）煤粉具有流动性。煤粉颗粒很细，单位质量的煤粉具有较大的表面积，表面可吸附大量空气，从而使其具有流动性。

18. 运行过程中怎样判断磨煤机内煤量的多少？

答： 在运行中，如果磨煤机出入口压差增大，说明存煤量大，反之是煤量少。磨煤机出口气粉混合物温度下降，说明煤量多；温度上升，说明煤量减少。电动机电流升高，说明煤量多（但满煤时除外）；电流减小，说明煤量少。还可根据磨煤机发生的音响，判断煤量的多少：声音小、沉闷，说明磨煤机内煤量多；如果声音大，并有明显的金属撞击声，则说明煤量少。

19. 磨煤机为什么不能长时间空转？

答： 磨煤机在试运行时，停磨抽净煤粉或启动时，都要有一段时间的空转。根据有关规程要求，一般钢球筒式磨煤机的空转时间，不得大于 10min；中速磨煤机每次的空转时间，不得大于 1min。其原因是：磨煤机空转时，研磨部件金属直接发生撞击和摩擦，使金属磨损量增大；钢球与钢球、钢球与钢甲发生撞击时，钢球可能碎裂；金属直接发生撞击与摩擦，容易发生火星，又有可能成为煤粉爆炸的火源。所以，必须严格控制磨煤机的空转时间。

20. 什么是磨煤机出力与干燥出力？

答：（1）磨煤机出力是指单位时间内，在保证一定煤粉细度条件下，磨煤机所能磨制的原煤量。

（2）干燥出力是指单位时间内，磨煤系统能将多少原煤由最初的水分 M_{ar}（收到基水分）干燥到煤粉水分 M_{mf} 时所需干燥剂量。

21. 磨煤通风量与干燥通风量的作用各是什么？两者如何协调？

答：磨煤通风量的作用是以一定的流速将磨出的煤粉输送出去。

干燥通风量的作用是以其具有的热量将原煤干燥。

协调这两个风量的基本原则是：首先满足磨煤通风量的需要，以保证煤粉细度及磨煤机出力的要求；其次保证干燥任务的完成通过调节干燥剂温度实现。

22. 影响钢球筒式磨煤机出力的主要因素有哪些？

答：（1）护甲形状及磨损速度；

（2）钢球装载量及钢球尺寸；

（3）载煤量；

（4）通风量；

（5）煤质变化；

（6）制粉系统漏风。

23. 煤粉细度是如何调节的？

答：煤粉细度可通过改变通风量、粗粉分离器挡板或转速来调节。

减小通风量，可使煤粉变细，反之，煤粉将变粗。当增大通风量时，应适当关小粗粉分离器折向挡板，以防煤粉过粗。同时，在调节风量时，要注意监视磨煤机出口温度。

开大粗粉分离器折向挡板或转速，或提高粗粉分离器出口套筒高度，可使煤粉变粗，反之则变细。但在进行上述调节的同时，必须注意对给煤量的调节。

24.磨煤机运行时，如原煤水分升高，应注意些什么？

答：原煤水分升高，会使煤的输送困难，磨煤机出力下降，出口气粉混合物温度降低。因此，要特别注意监视检查和及时调节，以维持制粉系统运行正常和锅炉燃烧稳定。其主要应注意以下几方面：

（1）经常检查磨煤机出、入口管壁温度变化情况；

（2）经常检查给煤机落煤有无积煤、堵煤现象；

（3）加强磨煤机出入口压差及温度的监视，以判断有无断煤或堵煤的情况；

（4）制粉系统停止后，应打开磨煤机进口检查孔，如发现管壁有积煤，应予铲除。

25.运行中煤粉仓为什么需要定期降粉？

答：运行中为保证给粉机正常工作，煤粉仓应保持一定的粉位，规程规定最低粉位不得低于粉仓高度的1/3。因为粉位太低时，给粉机有可能出现煤粉自流，或一次风经给粉机冲入煤粉仓中，影响给粉机的正常工作。

但煤粉仓长期处于高粉位情况下，有些部位的煤粉不流动，特别是贴壁或角隅处的煤粉，可能出现煤粉"搭桥"和结块，易引起煤粉自燃，影响正常下粉和安全。为防止上述现象发生，要求定期将煤粉仓粉位降低，以促使各部位的煤粉都能流动，将已"搭桥"结块之煤粉塌下。一般要求每半月降低粉位一次，粉位降至能保持给粉机正常工作所允许的最低粉位（3m左右）。

26.煤粉水分过高、过低有何不良影响，如何控制？

答：煤粉水分过高时，使煤粉在炉内的点火困难；同时由于煤粉水分过高影响煤粉的流动性，会使供粉量的均匀性变差，在煤粉仓中还会出现结块、"搭桥"现象，影响正常供粉。

煤粉水分过低时，产生煤粉自流的可能性增大；对于挥发分高的煤，引起自燃爆炸的可能性也增大。

通过控制磨煤机出口气粉混合物温度，可以实现对煤粉水分的控制。温度高，水分低；温度低，水分高。为此，运行中应严格按照规程要求，控制磨煤机出口温度。当原煤水分变化时，应及时调节磨煤机入口干燥剂的温度，以维持磨煤机出口干燥剂温度在规程规定的范围之内。

27. 制粉系统漏风过程对锅炉有何危害，哪些部分易出现漏风？

答：危害有：制粉系统漏风，会减小进入磨煤机的热风量，恶化通风过程，从而使磨煤机出力下降，磨煤电耗增大。漏入系统的冷风，最后是要进入炉膛的，结果使炉内温度水平下降，辐射传热量降低，对流传热比例增大，同时还使燃烧的稳定性变差。由于冷风通过制粉系统进入炉内，在总风量不变的情况下，经过空气预热器的空气量将减小，结果会使排烟温度升高，锅炉热效率将下降。

容易出现漏风的部位是：磨煤机入口和出口，旋风分离器至煤粉仓和螺旋输粉机的管段，给煤机、防爆门、检查孔等处。

28. 监视直吹式制粉系统中的排粉机电流值有何意义？

答：排粉机的电流值在一定程度上可反映磨煤机的出力情况。电流波动过大，表示磨煤机给煤量过多，此时应调整给煤量，至电流指示稳定为止。排粉机电流明显下降，表示磨煤机堵煤，应减小给煤量或暂时停止给煤机，直到电流恢复正常后再增大给煤量或启动给煤机；排粉机电流上升，表示磨煤机给煤不足，应增大给煤机给煤量。

29. 磨煤机内部着火的现象是什么？

答：磨煤机出口温度不正常地升高，周围有灼热感，磨煤机入口铁皮烧红或从检查孔门处向外冒烟、冒火。

30. 磨煤机内部着火如何处理？

答： 立即停止制粉系统运行，严密关闭各风门，开启蒸汽灭火门灭火或将水喷成雾状灭火。确认火已熄灭，即可清理内部，重新起动。

31. 旋风分离器堵塞造成的危害是什么？

答： 旋风分离器堵塞，导致排粉机大量带粉，直接送入炉膛上部燃烧，影响锅炉燃烧，破坏正常的燃烧调整，使高温过热器超温。

32. 除尘器的作用是什么？

答： 除尘器的作用是将飞灰从烟气中分离并清除出去，减少它对环境的污染，并防止引风机的急剧磨损。

33. 除尘器的作用是什么？

答： 除尘器的作用是将飞灰从烟气中分离并清除出去，减少飞灰对环境的污染和对引风机的磨损。

34. 电除尘器本体系统主要包括哪些？

答： 电除尘器本体系统主要包括收尘极系统（阳极）、电晕极系统（阴极）、烟箱系统、气流均布装置、壳体、储排灰系统、槽形板装置、管路系统及辅助设施等。

35. 常用的电除尘器有哪几种分类方法？

答： （1）按收尘极型式分有：管式和板式；

（2）按气流方向分有：卧式和立式；

（3）按粉尘荷电区、分离区的布置分有：单区和双区；

（4）按清灰方式分有：湿式和干式。

36. 简述电除尘器的优缺点。

答： 电除尘器的优点是：

（1）除尘效率高。

（2）阻力小。

（3）能耗低。

（4）处理烟气量大。

（5）耐高温。

电除尘器的缺点是：

（1）钢材消耗量大，初投资大。

（2）占地面积大。

（3）对制造、安装、运行的要求比较严格。

（4）对烟气特性反应敏感。

37．什么是电晕放电？

答： 电晕放电是指当极间电压升高到某一临界值时，电晕极处的高电场强度将其附近气体局部击穿，而在电晕极周围出现淡蓝色的辉光并伴有咝咝的响声的现象。

38．简述文丘里除尘器的工作原理。

答： 烟气进入文丘里管时，首先经过收缩管时速度逐渐提高，在喉管处速度达到最大值，冲击从喷水装置喷出的水滴并使之雾化。水滴与烟气中的灰粒在极高的相对速度下充分碰撞、接触，灰粒被水滴迅速湿润并为水滴所吸附和凝聚。烟气经过扩散管后，速度逐渐降低，部分动能又转变为压力能，然后进入捕滴器中。带有水滴的灰粒在离心力作用下分离出来，流入捕滴器下部灰斗中，经放灰管、水封后流入灰沟；净化后的烟气从捕滴器顶部流出。

39．简述除灰、除渣的过程。

答： 除灰过程是：

除尘器和烟道下部的细灰 $\longrightarrow$ 冲灰器 $\longrightarrow$ 灰沟 $\longrightarrow$ 灰渣池 $\longrightarrow$ 灰渣泵 $\longrightarrow$ 压力输灰管道 $\longrightarrow$ 储灰场。

除渣过程是：

炉膛冷灰斗的灰渣 $\longrightarrow$ 灰渣室 $\longrightarrow$ 碎渣机 $\longrightarrow$ 灰渣沟 $\longrightarrow$ 灰渣池 $\longrightarrow$ 灰渣泵 $\longrightarrow$ 压力输灰管道 $\longrightarrow$ 储灰场。

40．刮板捞渣机的作用是什么？

答： 用于锅炉底部排渣之用，高温炉渣落入捞渣机水池冷却后用刮板链条拉至捞渣机端部处卸料。

41．碎渣机的作用是什么？

答：碎渣机是用来破碎锅炉排渣中大颗粒渣块的。

42. 灰浆泵的作用是什么？

答：灰浆泵是将具有一定浓度的灰浆提高压力后，通过管道输送至灰场或其他地方。

43. 何谓仓泵？其作用是什么？

答：正压气力除灰系统所用的仓式气力输送泵通常简称为仓式泵或仓泵，是一种充气的压力容器，以空气为输送介质和动力，周期性地接受和排放干态细灰，将干灰通过管道输送至灰库或储料仓。

44. 仓泵的型式有哪些？

答：仓泵按出料形式分有上引式（如 CD 型、CB 型）、下引式和流化态三种。

按布置方式一般分为单仓布置和双仓布置两种。

45. 单仓泵与双仓泵有何不同？

答：单仓布置的仓泵每台可单独进料或数台同时进料，但每条除灰管道同时只能供给一台仓泵排料；双仓布置的仓泵进出料是相互交替进行的。

46. 除灰系统的冲灰水量应选择适当的原因是什么？

答：若增加冲灰水量势必造成除灰系统内的碳酸氢钙的数量增多，因而生成的垢物更多。若适当地减少冲灰水量，可使带入除灰系统内的碳酸氢钙的数量减少，但在灰渣浆浓度提高后，却反应速度加快，将使形成垢物的时间缩短，结垢区前移。

47. 阀门按用途不同是如何进行分类的？

答：按用途不同可分为以下三种：

（1）关断类，这类阀门只用来截断或接通流体；

（2）调节类，这类阀门用来调节流体的流量和压力；

（3）保护类，这类阀门用来起某种保护作用。

48. 水力除灰系统中的阀门有哪些？

答：水力除灰系统中的阀门有关断阀、止回阀、切换阀、节流分配阀、排气阀和放水阀等几种。

49. 气力除灰系统中主要有哪些阀门？

答：气力除灰系统中主要有闸板阀、气动三通阀、电动闸板阀、锁气阀、平衡阀、电动锁气器、止回阀、关断阀等几种。

50. 阀门的公称压力和公称直径是什么意思？

答：阀门的公称直径是指阀门与管道连接处通道的名义直径，用 D_N 表示，单位是 mm。公称直径是为了设计、制造、维护的方便而人为地规定的一种标准直径。公称直径的数值既不是内径，也不是外径，而是与内径相近的整数。

阀门的公称压力是指阀门的名义压力，或者是在规定温度下的允许压力。这种规定温度，对于铸铁和铜阀门是120℃，对于碳钢阀门是200℃，对于钼钢和铬钼钢阀门是350℃。阀门公称压力用 p_g 表示，单位是 MPa。

51. 何谓平衡通风？

答：在锅炉的烟、风系统中，同时装设送风机和吸风机，送风机负责把风经空气预热器预热后送进炉膛，吸风机负责把炉膛内的烟气排至炉外，使炉膛内保持的压力略低于外界大气压力，这样的通风方式，称为平衡通风。

52. 离心式风机中集流器的作用是什么？

答：集流器的作用是保证气流均匀地充满叶轮的入口断面，而且使风机入口处的阻力减小。

53. 风机的风量有几种调节方法？

答：风量调节的基本方法有节流调节、变速调节和导流器调节三种。

54. 离心式风机的工作原理是什么？

答：离心式风机的工作原理是：依靠叶轮高速旋转所产生的离心力，将充满于叶片之间的气体从叶轮中心甩向外壳，使气体获得动能和压能，并随着气体的流动，一部分动能又转化为压能，这样风机出口处的气体便不断地被输送出去。与此同时，由于气体的外流，造成叶轮进口空间真空，外界的气体又被吸入叶轮进口空间。离心式风机不停地旋转，气体就源源不断地被吸入和压出。

55. 简要说明罗茨风机的作用。

答： 在负压气力除灰系统中，罗茨风机抽吸系统内的空气形成真空，外界空气通过进口不断进入，使除灰管道内产生高速流动气流将干灰输送至灰库或储灰仓。

56. 离心式风机启动和运行时应注意什么？

答： 离心风机在启动时应注意以下几点：

（1）关闭进风调节挡板；

（2）检查轴承润滑油是否完好；

（3）检查冷却水管的供水情况；

（4）检查联轴器是否完好；

（5）检查电气线路及仪表是否正确。

离心风机在运行时应注意以下几点：

（1）风机安装后试运转时，先将风机启动 1~2h，停机检查轴承及其他设备有无松动情况，待处理后再运转 6~8h，风机大修后分部试运不少于 30min 如情况正常可交付使用。

（2）风机启动后，应检查电机运转情况，发现有强烈噪声及剧烈震动时，应停车检查原因，并予以消除。启动正常后，风机逐渐开大进风调节挡板。

（3）运行中应注意轴承润滑、冷却情况及温度的高低。

（4）不允许长时间超电流运行。

（5）注意运行中的震动、噪声及敲击声音。

（6）发生强烈震动和噪声，振幅超过允许值时，应立即停机检查。

57. 什么情况下应紧急停止风机运行？

答： （1）人身受到伤害威胁时。

（2）风机有异常噪声时。

（3）轴承温度急剧上升超过规定值。

（4）风机发生剧烈振动和撞击现象。

（5）电动机有严重故障。

58. 风机发生不规则振动应如何处理？

答：首先分析发生振动的原因，然后进行处理：

（1）若是由于电动机轴、风机轴找正不良，则重新找正。

（2）若是由于轴衬或轴颈磨损使油隙过大，则修补轴衬或轴颈，调整间隙。

（3）若是由于联轴器与轴松动，则应固紧或重新配键。

（4）若是由于地脚螺栓松动，则拧紧螺母。

（5）若是由于管道支吊不良，则加固或改进支吊。

59. 如何判断离心水泵不上水？

答：水泵进口压力表指示剧烈摆动，电动机电流表指示在空载位置并摆动，水泵的声音不正常，泵壳温度升高，即可判定为水泵不上水。

60. 离心水泵不上水应如何处理？

答：离心水泵不上水时，应立即停泵进行全面检查，查找原因。若水源中断，则恢复水源，重新启动。若水源未中断，则应检查进口滤网是否堵塞。如堵塞，应进行清理。如进水侧泄漏，则消除进水侧的泄漏，重新充水启动。

61. 运行人员的"三熟、三能"指的是什么？

答："三熟"是指熟悉设备系统，熟悉操作和事故处理，熟悉本岗位的规程制度。

"三能"是指能分析运行状况，能及时发现故障和排除故障，能掌握一般的维修技能。

62. 运行人员必须做到的"四不放过"指的是什么？

答：当运行中发生异常情况或事故时，必须做到"四不放过"，即事故原因不清不放过，事故责任者和应受教育者未受到教育不放过，没有采取防范措施不放过，事故责任者没受到处理不放过。

63. 五种特大事故指的是什么？

答：（1）三人及以上的死亡，或重伤及死亡合计达到10人及以上者。

（2）省会所在城市全部停电，或全网对外减少负荷超过以下数值：

全网负荷 （万 kW）	事故减少负荷为全网负荷 的百分比（%）	全网负荷 （万 kW）	事故减少负荷为全网负荷 的百分比（%）
300 及以上	10	100 及以下	40
100 及以上	20		

（3）发供电设备或厂房严重损坏，修复费用超过 40 万元以上者。

（4）火灾损失在 30 万元以上者。

（5）对用户造成严重政治、经济损失或造成用户职工多人伤亡的停电事故。经部认定为特大事故者。

64．简述交班的主要项目。

答：（1）生产任务和燃料情况，设备运行、检修和备用情况，以及系统运行方式变更情况。

（2）本值进行的主要操作，发现的主要缺陷，以及对缺陷所采取的安全措施执行情况和存在问题。

（3）预计进行的重要操作和有关操作中的注意事项。

（4）操作票和检修工作票的内容、工期和安全措施情况。

（5）各种规程制度、记录簿、上级下达的指示和命令、技术总结措施计划以及报表等。

（6）设备及工作场所整洁卫生。

第二节　中　级　工

一、填空题

1．煤中的水分是由　①　水分和　②　水分所组成，其中　③　水分依靠自然干燥方法不能除掉。

答：①表面；②固有；③固有。

2．煤的高位发热量与低位发热量之间的关系是：$Q_{gr} = Q_{ar \cdot net} + 25（$　①　$H +$　②　$M）$。

答：①9；②1。

3. 不同煤种灰熔点___①___，同一种煤灰熔点___②___，对于固态排渣煤粉炉，若炉内温度高于灰熔点会造成___③___。

答：①不同；②不一定相同；③受热面结渣。

4. 将100g煤粉用筛孔内边宽 $x = 90$ 的筛子进行筛分，有25g残留在筛子上，则 $R_{90} = $ _____。

答：25%。

5. 圆盘式给煤机通过___①___、___②___、___③___三种方法调节给煤量。

答：①改变套筒位置；②调整刮板位置；③改变圆盘转速。

6. 惯性式粗粉分离器通常配用___①___磨煤机，通过改变___②___来调节煤粉细度。

答：①风扇；②折向挡板的角度。

7. 细粉分离器的分离效率是指___①___占___②___的百分数。

答：①分离器分离出来的煤粉量；②进入分离器的总煤粉量。

8. 煤粉仓必须装设___①___、___②___、___③___和___④___。

答：①吸潮管；②防爆门；③消防装置；④温度测点。

9. 设备正常运行时，转动机械值班员应___①___地对所属设备运行___②___。发现缺陷、异常情况时应及时报告___③___、___④___或___⑤___研究处理，若遇紧急情况应按有关规定自行处理。

答：①按时逐点；②巡回检查；③司炉；④值班长；⑤副值班长。

10. 对正常运行的球磨机应___①___检查一次。

答：0.5h。

11. 对运行设备的___①___、___②___、___③___以及处于___④___必须进行定期试验或轮换使用，以确保其经常处于完好状态。

答：①安全保护装置；②警报；③信号；④备用状态下的转动设备。

89

12. 对于中间储仓式制粉系统首先起动 ___①___ ，待油压正常后投入制粉系统 ___②___ 、暖机，待磨煤机出口气粉混合物温度升至额定值后起动 ___③___ 和 ___④___ 。

答：①油泵；②联锁；③磨煤机；④给煤机。

13. 制粉系统检修以后的起动前应对所属设备进行 ___①___ 确认 ___②___ 后方可进行起动。

答：①全面检查；②具备起动条件。

14. 钢球磨煤机正常运行调整的主要任务是提高 ___①___ 和保持合格的 ___②___ 。

答：①制粉系统出力；②粉煤细度。

15. 钢球磨煤机的磨煤出力越大，单位电源 ___①___ ，因此，应维持球磨机在 ___②___ 工况下运行。

答：①越小；②满负荷。

16. 制粉系统满煤的处理原则： ___①___ 给煤， ___②___ 通风量，必要时 ___③___ 磨煤机的运行。

答：①停止；②加大；③停止。

17. 若润滑油系统故障，导致油压低于规定值，则磨煤机 _____ 。

答：自动跳闸。

18. 旋风分离器堵塞，导致排粉机 ___①___ ，容易使对流过热器 ___②___ 。

答：①大量带粉；②超温。

19. 磨煤机出口温度过高，容易导致制粉系统 _____ 。

答：自燃和爆炸。

20. 制粉系统出力包括 ___①___ 、 ___②___ 和 ___③___ 。

答：①磨煤出力；②干燥出力；③通风出力。

21. 磨煤机运行监视的主要指标是 ___①___ 、 ___②___ 和 ___③___ 。

答：①入口负压；②出入口压差；③出口温度。

22. 当磨煤机出口负压 ___①___ ，排粉机电流 ___②___ ，粗粉分

离器出口负压 ③ 时，说明粗粉分离器有堵塞现象。

答：①减小；②减小；③增大。

23．当钢球磨煤机的电流 ① ，排粉机电流 ② ，系统负压 ③ 时，说明制粉系统下降管堵塞。

答：①减小；②增大；③减小。

24．磨煤机满煤的现象是：磨煤机入口负压 ① ，出口温度 ② ，进出口压差 ③ ，排粉机及三次风压 ④ ，磨煤机内声音沉闷，大罐两头向外冒粉。

答：①变正；②下降；③最大；④减小。

25．若回粉管锁气器不动作，排粉机电流上升，煤粉明显变粗，在旋风分离器下粉筛子上有大颗粒煤粉，回粉管温度降低，说明＿＿＿＿堵塞。

答：粗粉分离器回粉管。

26．为防止磨煤机烧瓦，起动前应确认轴瓦 ① ，并将 ② 保护投入。

答：①滴油正常；②低油压。

27．锅炉使用的风机有 ① 、 ② 、 ③ （一次风机）等。

答：①吸风机；②送风机；③排粉风机。

28．离心式风机按进风方式分为 ① 和 ② 进风两种。

答：①单面；②双面。

29．泵与风机工况调节常用的方法有 ① 、 ② 、 ③ 和 ④ 等。

答：①节流调节；②变角调节；③变速调节；④变压调节。

30．风机叶片直径越大，气体在风机中获得的离心力 ＿＿＿＿。

答：越大。

31．风机出力是指烟气或空气在＿＿＿＿通过风机的量。

答：单位时间内。

32．锅炉的通风分为 ① 和 ② 两种。

答：①自然通风；②强制通风。

33. 当风机在不稳定区工作时，所产生的 ___①___ 和 ___②___ 的脉动现象，称为喘振。

答：①压力；②流量。

34. 风机的调节挡板是用于调节风机的 _____ 的装置。

答：流量和压力大小。

35. 调节门关闭，风机运行时间过长会造成 _____ 。

答：机壳过热。

36. 风机运行常见的故障分为 ___①___ 故障， ___②___ 故障和 ___③___ 故障三大类。

答：①性能；②机械；③轴承温度过高。

37. 风机运行中的性能故障主要包括流量 ___①___ 、压强 ___②___ 、通风系统 ___③___ 。

答：①减小；②偏高；③调节失灵。

38. 电气除尘器集尘极分为 ___①___ 和 ___②___ 两种。

答：①管式；②板式。

39. 陶瓷多管式除尘器除尘效率最高可达 _____ 。

答：99%。

40. 为防止灰斗下部漏入空气和水蒸气，一般在灰斗下面设有 ___①___ 或 ___②___ 。

答：①锁气器；②水封。

41. 锅炉除灰、除渣场地应便于 ___①___ 和 ___②___ 。

答：①检修；②通行。

42. 锅炉灰斗水封的作用是 _____ 。

答：防止向炉膛漏入冷风。

43. 对于立式旋风炉，煤灰中（$SiC_2 + Al_2O_3$）/CaO 在 ___①___ 范围内，灰熔点最低，若（$SiO_2 + Al_2O_3$）/CaO 超出上述范围，可通过 ___②___ 的方法降低灰熔点。

答：①1.6~2.13；②添加石灰石。

44. 对于液态排渣立式旋风炉通过添加 ___①___ 、 ___②___ 和

___③___来降低煤的灰熔。

答：①天然钙化合物；②高炉渣；③低灰熔点煤种。

45. 石灰石的掺配比一般选用___①___，若超过此值，混合燃料的发热量会___②___，制粉系统的磨损___③___，灰熔点___④___。

答：①20~25；②降低；③加剧；④上升。

46. 层燃炉的工作过程包括___①___、___②___及___③___三部分。

答：①加煤；②除渣；③风煤调整。

47. 层燃炉根据燃料层在炉排上的相对状态分为___①___式、___②___式和___③___式。

答：①固定炉排；②燃料层沿炉排面移动；③燃料层随着炉排一起运动。

48. 按照抛煤的方式，抛煤机可分为___①___抛煤机，___②___抛煤机及___③___抛煤机。

答：①风力；②机械；③风力机械。

49. 风力机械抛煤机给煤量的调节主要依靠改变___①___和___②___来实现。

答：①推煤活塞的往复频率；②冲程。

50. 改变抛煤机抛程的方法是改变___①___和___②___。

答：①转子转速；②调节板位置。

51. 余热锅炉按受热方式分为___①___、___②___两种。

答：①有水管式；②烟管式。

52. 余热锅炉的辅助设备包括___①___、___②___、___③___和___④___等。

答：①链板除灰机；②引风机；③锅炉给水泵；④吹灰器。

53. 锅炉大修后的设备验收分为___①___、___②___和___③___三级进行。

答：①班组验收；②分场验收；③厂部验收。

54. 副司炉受___①___的领导，在操作上受___②___的指挥，当司炉不在时可___③___时间接替司炉工作。

答：①正、副值长；②司炉；③短。

55. 工作票已办理，但工作不能按计划期限完成，必须经 ___①___ 同意，由 ___②___ 办理工作延期手续。

答：①值长；②工作负责人。

56. 为保安全发电、供电、供热，从事运行工作的人员必须做到认真贯彻执行 ___①___ 、 ___②___ 。坚持 ___③___ 和 ___④___ 。

答：①两票；②三制；③一参数；④两会一活动。

二、判断题（在题末括号内作出记号：√表示对，×表示错）

1. 煤发热量的高低主要决定于煤中碳的含量多少。（ ）

答：√。

2. 随着煤的碳化程度的加深，氢的含量逐渐增加。（ ）

答：×。

3. 进行锅炉热力计算和热力试验时所采用的煤的成分应是其空气干燥基成分。（ ）

答：×。

4. 标准煤是指空气干燥基的低位发热量为 29308kJ/kg 的煤。（ ）

答：×。

5. 固态排渣煤粉炉燃用焦结性强的煤时，极易形成坚实的焦粒，造成燃烧困难，燃烧效率降低。（ ）

答：√。

6. 灰分的组成成分确定后，其灰熔点保持不变。（ ）

答：×。

7. 无烟煤的碳化程度深，因而含碳量高，挥发分含量也高。（ ）

答：×。

8. 褐煤的水分、灰分含量较低，含碳量较高，因而发热量也较高。（ ）

答：×。

9. 对于固态排渣煤粉炉，燃用灰熔点越低的燃料，受热面越容易结渣。（　　）

答：√。

10. 固定碳和灰分组成了焦炭。（　　）

答：√。

11. 低速筒型磨煤机的最佳转速一定大于临界转速。（　　）

答：×。

12. 煤粉越细，均匀性越好，燃烧的经济性越好。（　　）

答：√。

13. 筒型磨煤机最佳转速与圆筒直径有关。圆筒直径越大，最佳转速越大。（　　）

答：×。

14. 筒型磨煤机的磨煤出力是随着钢球装载量的增加而增加。（　　）

答：×。

15. 在运行过程中，钢球逐渐被磨损，直径变小，导致磨煤出力降低，因此需定期筛补钢球。（　　）

答：√。

16. 风扇磨煤机的磨煤出力是随着叶轮直径和宽度的增加而减小。（　　）

答：×。

17. 风扇磨煤机是高速磨煤机，不能采用中间储仓式制粉系统。（　　）

答：√。

18. 制粉系统的漏风，会造成制粉系统干燥出力降低，影响制粉系统正常运行。（　　）

答：√。

19. 给粉机的作用是根据锅炉负荷的需要将气粉混合物送入炉膛。（　　）

答：×。

20. 细粉分离器的作用是将不合格的煤粉分离出来，送回磨煤机重新磨制。（　　）

答：×。

21. 再循环风在制粉系统中起干燥作用。（　　）

答：×。

22. 再循环风在磨煤机中，主要是增加通风量提高磨煤机出力，降低电耗。（　　）

答：√。

23. 吸潮管是利用排粉机的负压把潮气吸出，减少煤粉在煤粉仓和输粉机内受潮结块的可能性，增加爆炸的危险。（　　）

答：×。

24. 制粉系统通风量增加时，将会使煤粉变粗，制粉电耗增加。因此，通风量越少越好。（　　）

答：×。

25. 制粉系统干燥出力的大小，主要取决于干燥通风量和干燥风温度。（　　）

答：√。

26. 制粉系统干燥出力是指在单位时间内，将煤由原煤水分干燥到固有水分的原煤量，单位以 t/h 表示。（　　）

答：√。

27. 钢球磨煤机出力随着钢球装载量的增加而成正比增加。（　　）

答：×。

28. 制粉系统给煤机断煤，瞬时对锅炉运行无影响。（　　）

答：×。

29. 钢球磨煤机电流减小，排粉机电流减小，系统负压增大，说明磨煤机入口堵煤。（　　）

答：√。

30. 磨煤机出口负压减小，排粉机电流减小，粗粉分离器负压增大，说明粗粉分离器有堵塞现象。（　　）

答：√。

31. 处理筒体煤多的方法是：减少给煤或停止给煤机，增加通风量，严重时停止磨煤机或打开人孔盖清除堵煤。（　　）

答：√。

32. 筒形球磨机内堵煤时，入口负压变正，出口温度下降，压差增大，滚筒入口向外冒煤粉，筒体声音沉闷。（　　）

答：√。

33. 粗粉分离器堵煤时，磨煤机出口负压小，分离器后负压大，回粉管锁气器不动作，煤粉细度变粗，排粉机电流减小。（　　）

答：√。

34. 细粉分离器堵塞时，排粉机电流减小，锅炉汽压降低。（　　）

答：×。

35. 排粉机电流随着制粉系统通风量和气粉浓度的变化而变化。（　　）

答：√。

36. 发现一次风管堵塞应紧急停炉。（　　）

答：×。

37. 磨煤机起动时必须进行暖管，其目的是抽净制粉系统内的存粉。（　　）

答：×。

38. 制粉系统停运时必须抽尽其存粉，目的是防止煤粉的自燃和爆炸。（　　）

答：√。

39. 制粉系统通风出力越大，磨煤出力越大。（　　）

答：×。

40. 在中间储仓式制粉系统中，煤粉细度的调节是由粗粉分离器完成的。（　　）

答：√。

41. 煤粉越细，煤粉进入炉内越容易着火，燃烧越完全。运行中尽可能保证煤粉最细。（　　）

答：×。

42. 制粉系统发生爆炸时，首先组织灭火，若短时间不能扑灭时，再停止制粉系统的运行。（　　）

答：×。

43. 旋风分离器堵塞，会使排粉机大量带粉，电流增大，过热器出口汽温升高。（　　）

答：√。

44. 停炉大修时必须清扫煤粉仓，只有在停炉时间不超过3天，才允许煤粉仓内存有剩余煤粉。（　　）

答：√。

45. 袋式除尘器的袋子应严密不漏。（　　）

答：√。

46. 电气除尘器结构庞杂、造价高，但有很高的除尘效率。（　　）

答：√。

47. 电气除尘器不需预热，可直接通电使用。（　　）

答：×。

48. 除尘器的出灰口，应有密封装置，以防止漏风。（　　）

答：√。

49. 干灰库的底部设有卸灰装置。（　　）

答：√。

50. 除灰系统中，泵的选择原则是能使设备在系统中安全经济运行。（　　）

答：√。

51. 锅炉除灰地点的照明应良好。（　　）

答：√。

52. 除灰排出的废水应符合中华人民共和国《工业"三废"排放标准》的规定。（　　）

答：√。

53. 采用水力除灰时，可以将锅炉的排污、疏水等排到除灰沟内。（　　）

答：×。

54. 冲灰器可根据灰量的多少连续地或间断地工作。（　　）
答：√。

55. 正压气力除灰的输灰管宜直接接入储灰库，排气通过布袋收尘器净化后排出。（　　）

答：√。

56. 气力除灰系统一般用来输送干细灰。（　　）

答：√。

57. 输灰系统运行中，在一个输送循环还未结束时，不能关断输送、控制空气。（　　）

答：√。

58. 锅炉除灰、除渣场地应便于操作、检修和通行。（　　）
答：√。

59. 仓泵内的灰输完后，由料位计发出停止送料信号。
（　　）

答：×。

60. 灰渣管、沟可以不加耐磨保护层。（　　）

答：×。

61. 冲灰水泵不能使用离心泵。（　　）

答：×。

62. 离心泵停运后应立即关闭人口门。（　　）

答：×。

63. 水泵内进空气将造成离心泵不上水。（　　）

答：√。

64. 运行中如听到水泵内有撞击声，应立即停泵检查。
（　　）

答：√。

65. 灰渣泵的工作介质是灰水混合物。（　　）

答：√。

66. 仓泵结构坚固，密封性能好，但工作压力低。（　　）

答：×。

67. 采用仓泵系统时，应设专用的空气压缩机。（　　）

答：√。

68. 仓式泵是用于正压气力除灰系统，以压缩空气为输送介质和动力，周期性地排放干态细灰的除灰设备。（　　）

答：√。

69. 罗茨风机进、出口合理的布置应为：上端排风，下端进风。（　　）

答：×。

70. 离心式风机进气箱的作用是将气流引入风机，提高风机的效率。（　　）

答：×。

71. 风机效率是指风机的有效功率与轴功率之比。（　　）

答：√。

72. 后弯式叶片离心风机的效率较低。（　　）

答：×。

73. 前弯式叶片较后弯式叶片的离心风机所获得的风压高。（　　）

答：√。

74. 轴流式风机流量大，风压低。（　　）

答：√。

75. 轴流式风机的体积比离心式风机的大。（　　）

答：×。

76. 所有送、引风机故障停止运行时，应申请停炉。（　　）

答：×。

77. 当风机振动值超过规定值，危及设备及人身安全时应停止风机运行。（　　）

答：√。

78. 煤灰中氧化铁的含量越高，煤的灰熔点也越高。（　　）

答：×。

79. 煤灰中氧化硅含量越高，煤的灰熔点越高。（　　）

答：√。

80. 抛煤机抛到炉排上的煤层的颗粒分布取决于细度不同的颗粒的抛程。（　　）

答：√。

81. 余热锅炉是利用工业窑炉的废烟气，生产热水和蒸汽的设备。（　　）

答：√。

82. 运行值班人员必须根据分场划分的卫生专责区和岗位专责区的规定，经常保持设备和工作场所的清洁卫生。（　　）

答：√。

83. 锅炉经过大修或检修后必须消除"七漏"。（　　）

答：√。

84. 锅炉起动、停炉等操作的联系工作任何人员均可担任。（　　）

答：×。

三、选择题 ［将正确答案的序号"（×）"写在题内横线上］

1. 层燃炉燃料的燃烧过程主要在炉箅上进行的，燃烧方式是_____。

（1）层状燃烧；（2）悬浮燃烧；（3）流化燃烧。

答：（1）。

2. 在煤的工业分析实验中，不用直接测定的成分是_____。

（1）水分；（2）挥发分；（3）灰分。

答：（3）。

3. 在实验室中进行煤的分析时采用的成分是_____成分。

（1）收到基；（2）空气干燥基；（3）干燥基。

答：（2）。

4. 根据煤中_____含量，煤分为无烟煤、烟煤和褐煤。

(1) 固定碳；(2) 水分；(3) 挥发分。

答：(3)。

5. 挥发分的含量 $V_{def} > 40\%$ 的煤是_____。

(1) 无烟煤；(2) 烟煤；(3) 褐煤。

答：(3)。

6. 磨煤机最佳载煤量是指_____达到最大值的载煤量。

(1) 磨煤出力；(2) 干燥出力；(3) 通风量。

答：(1)。

7. C_{ar} 表示碳的_____部分。

(1) 收到基；(2) 空气干燥基；(3) 干燥基。

答：(1)。

8. 在火力发电厂中，实现化学能向热能转变的设备是_____。

(1) 锅炉；(2) 汽轮机；(3) 发电机。

答：(1)。

9. 在电厂锅炉效率计算中采用的发热量是_____。

(1) 低位发热量；(2) 高位发热量；(3) 挥发分燃烧放出的热量。

答：(1)。

10. 煤中的水分越多，煤的干燥通风量_____。

(1) 越大；(2) 越小；(3) 不变。

答：(1)。

11. 将磨煤机磨好的煤粉直接吹入炉膛燃烧的系统，称为_____。

(1) 直吹式制粉系统；(2) 中间储仓式制粉系统。

答：(1)。

12. 对于燃用褐煤的直吹式制粉系统，磨煤机出口温度不大于_____。

(1) 70℃；(2) 100℃；(3) 无限制。

答：（1）。

13. 筒型磨煤机在同样的钢球装载量下，钢球直径小，磨煤出力_____。

（1）小；（2）大；（3）不变。

答：（2）。

14. 中间储仓式制粉系统一般配_____。

（1）筒型球磨机；（2）平盘磨；（3）风扇磨。

答：（1）。

15. 排粉机是在制粉系统中输送_____。

（1）空气；（2）煤粉；（3）煤粉空气混合物。

答：（3）。

16. 制粉系统管道中氧的含量大于总体积的_____%时，易发生爆炸。

（1）17.3；（2）20.5；（3）25.6。

答：（1）。

17. 筒型球磨机的钢球直径为_____mm。

（1）10～30；（2）30～60；（3）60～90。

答：（2）。

18. 在中间储仓式（负压）制粉系统中，制粉系统的漏风_____。

（1）影响磨煤机的干燥出力；（2）对锅炉效率无影响；（3）影响锅炉排烟温度。

答：（1）。

19. 对于整个锅炉机组而言，最佳煤粉细度是指_____。

（1）磨煤机电耗最小时的细度；（2）制粉系统出力最大时的细度；（3）锅炉净效率最高时的煤粉细度。

答：（3）。

20. 制粉系统给煤机断煤，瞬间容易造成_____。

（1）汽压、汽温升高；（2）汽压、汽温降低；（3）汽包水位急骤升高。

答：（1）。

21. 湿式除尘器管理不善引起烟气带水的后果是_____。

（1）后部烟道腐蚀，吸风机振动；（2）环境污染、浪费厂用电；（3）加大吸风机负荷。

答：（1）。

22. 在煤粉炉中，除尘器装在_____。

（1）吸风机之前；（2）吸风机之后；（3）空气预热器之前。

答：（1）。

23. 电气除尘器的除尘效率可达_____。

（1）90%～95%；（2）80%～90%；（3）99.1%以上。

答：（3）。

24. 电除尘器一般阳极和阴极分别带_____。

（1）正电和负电；（2）负电和正电；（3）正电和正电。

答：（1）。

25. 保证离心式水膜除尘器正常工作关键是_____。

（1）烟气流量不能过大；（2）稳定流动和有一定厚度的水膜；（3）烟气流速不能过大。

答：（2）。

26. 一般烟气温度在_____范围内时除尘效率较好。

（1）60～70℃；（2）70～80℃；（3）90～150℃。

答：（3）。

27. 一般电除尘器的阻力约为_____。

（1）98～294Pa；（2）－15kPa；（3）100～300Pa

答：（3）。

28. 我国目前在电除尘器的阳极上多采用_____极板。

（1）鱼鳞板状；（2）波纹状；（3）大C形。

答：（3）。

29. 阳极板振打装置在冷态下振打锤头的中心线应_____撞击杆中心线。

（1）高于；（2）低于；（3）等于。

答：（2）。

30. 当极间距为 400mm 时，同一通道电晕线距应取_____mm。

（1）150；（2）200；（3）240。

答：（3）。

31. 阳极振打一般采用_____装置。

（1）顶部振打；（2）下部摇臂锤振打；（3）下部机械切向振打。

答：（3）。

32. 文丘里水膜除尘器投入的时间是_____。

（1）锅炉点火前；（2）锅炉点火后；（3）锅炉投粉后。

答：（1）。

33. 干式除尘器捕集的灰粒是靠_____下落的。

（1）离心力；（2）负压；（3）自重。

答：（3）。

34. 气力除灰管道的流速应按_____等因素选取。

（1）系统的压力和温度；（2）系统管道的长短和管径；（3）灰的粒径、密度、输送管径。

答：（3）。

35. 在锅炉内产生大量灰渣，必须及时排出，这是保证_____安全运行的重要措施。

（1）灰渣泵；（2）磨煤机；（3）锅炉。

答：（3）。

36. 影响除灰管道磨损的主要因素有灰渣颗粒尺寸、灰渣颗粒硬度和形状、输送灰渣的浓度及_____。

（1）管道长度；（2）管内工质流速；（3）流体黏度。

答：（2）。

37. 锅炉的灰渣进入除灰系统，先后经过的设备为_____。

（1）碎渣机、灰渣沟、灰渣池、灰场；（2）灰渣沟、灰渣池、碎渣机、灰场；（3）灰渣池、灰渣沟、碎渣机、灰场。

答：（1）。

38. 为防止灰斗下部漏入空气和水蒸气，一般在灰斗下面设有_____。

（1）锁气器或水封；（2）灰斗加热装置；（3）引风机。

答：（1）。

39. 气力除灰设备一般采用_____控制系统。

（1）气动；（2）电动；（3）液动。

答：（1）。

40. 高压水力冲灰器的优点是_____。

（1）省电；（2）省水；（3）可靠。

答：（3）。

41. 锅炉除渣完毕，应先_____，再停碎渣机。

（1）关闭除渣门；（2）关闭冲渣门；（3）停止冲灰水泵。

答：（1）。

42. 轴封水的压力应_____灰渣泵出口压力。

（1）大于；（2）小于；（3）等于。

答：（1）。

43. 在锅炉负荷变化时，可调节给水量的设备是_____。

（1）冲灰泵；（2）循环水泵；（3）给水泵。

答：（3）。

44. 仓泵的进风阀均采用_____。

（1）止回阀；（2）插板阀；（3）伞形阀。

答：（3）。

45. 减压阀是用来_____介质压力的。

（1）增加；（2）降低；（3）调节。

答：（2）。

46. 逆止阀是用于_____。

（1）防止管道中流体倒流；（2）调节管道中流体的流量及压力；（3）截断管道中的流体。

答：（1）。

47. 截止阀的作用是_____。

（1）防止管道中流体倒流；（2）调节管道中流体的流量及压力；（3）截断管道中的流体。

答：（3）。

48. 当泵发生汽蚀时，泵的_____。

（1）扬程增大，流量减小；（2）扬程减小，流量增大；（3）扬程减小，流量减小。

答：（3）。

49. 仓泵的出料口实际上是在仓罐的_____。

（1）上部；（2）下部；（3）中部。

答：（2）。

50. 周期性地排放干态细粉的除灰设备是_____。

（1）罗茨风机；（2）仓式泵；（3）灰渣泵。

答：（2）。

51. 下列设备中不能提供输送干灰所需空气的是_____。

（1）罗茨风机；（2）喷射泵；（3）仓泵。

答：（2）。

52. 风机后弯叶片可获得_____的风压。

（1）很小；（2）一般；（3）较高。

答：（2）。

53. 风机的全压是指_____。

（1）出口风压；（2）进口风压；（3）风机的动压和静压之和。

答：（3）。

54. 离心通风机的风压在_____以下。

（1）15kPa；（2）200kPa；（3）500kPa。

答：（1）。

55. 若风机轴承冷却水中断，应_____。

（1）继续运行；（2）紧急停机；（3）申请停机。

答：（2）。

56. 在吸风机运行中，发现表针指示异常，应_____。

(1) 先分析是否是表针问题，再就地找原因；(2) 立即停机；(3) 若未超限，则不管它。

答：(1)。

57. 按灰熔点从高到低排列，顺序是_____。

(1) $SiO_2 < Al_2O_3 < CaO$；(2) $SiO_2 > Al_2O_3 > CaO$；(3) $Al_2O_3 > SiO_2 > CaO$。

答：(1)。

58. 层燃炉的燃煤粒径较煤粉炉_____。

(1) 大；(2) 小；(3) 一样。

答：(1)。

59. 层燃炉采用风力机械抛煤机抛煤时，煤粒粒径不应超过_____mm。

(1) 25；(2) 30；(3) 35。

答：(3)。

60. 在_____期间，不得进行交接班工作。

(1) 正常运行；(2) 交、接班人员发生意见争执；(3) 处理事故或进行重大操作。

答：(3)。

61. 脱离现场_____个月以上，在恢复工作前要进行安全及运行规程的考试，考试合格后方可安排工作。

(1) 1；(2) 2；(3) 3。

答：(1)。

62. 工作票不准任意涂改，涂改后上面应由_____签字或盖章，否则工作票应无效。

(1) 签发人或工作许可人；(2) 总工程师；(3) 安全处长。

答：(1)。

63. 工作如不能按计划期限完成，必须由_____办理延期手续。

(1) 工作负责人；(2) 工作许可人；(3) 工作票签发人。

答：(1)。

64. 如工作中需要变更工作负责人，应经工作票_____同意并通知工作许可人，在工作票上办理工作负责人变更手续。

(1) 检修班长；(2) 签发人；(3) 总工程师。

答：(2)。

65. 填写热力工作票时，不得_____。

(1) 用钢笔或圆珠笔填写，字迹清楚，无涂改；(2) 用铅笔填写；(3) 用钢笔填写，字迹清楚，无涂改。

答：(2)。

66. 工作任务不能按批准完工期限完成时，工作负责人一般在批准完工期限_____向工作许可人申明理由，办理延期手续。

(1) 前 2h；(2) 后 2h；(3) 前一天。

答：(1)。

四、计算题

1. 已知某种煤炭的干燥无灰基成分 $C_{daf} = 83.5\%$，煤的 $M_{ar} = 3.8\%$，$A_{ar} = 18.3\%$。试计算炭的收到基成分。

解 由于 $C_{ar} + H_{ar} + S_{ar} + N_{ar} + O_{ar} + M_{ar} + A_{ar} = 100\%$

$$C_{daf} + H_{daf} + S_{daf} + N_{daf} + O_{daf} = 100\%$$

所以 $\dfrac{C_{ar}}{C_{daf}} = \dfrac{100 - M_{ar} - A_{ar}}{100} \cdot C_{daf}$

$$= \dfrac{100 - 3.8 - 18.3}{100} \times 83.5$$

$$= 65.1 \ (\%)$$

答 炭的应用基成分为 65.1%。

2. 某锅炉燃用低位发热量为 $Q_{ar.net} = 18955kJ/kg$ 的烟煤，实际煤耗量为 25t/h。问该炉的标准煤耗量是多少？

解 将已知数代入标准煤耗公式中，得

$$B_b = \dfrac{BQ_{ar.net}}{29308} = \dfrac{25 \times 18955}{29308} = 16 \ (t/h)$$

答 该炉的标准煤耗量为 16t/h。

3. 某台钢球磨煤机钢球装载量为 110t，筒体容积为 86.4m³，

钢球堆积密度为 $4.9t/m^3$，求钢球装载系数。

解 已知 $G = 110t$，$\rho = 4.9t/m^3$，$V = 86.4m^3$，

$\Phi = G/(\rho V) \times 100\% = 110/(4.9 \times 86.4) \times 100\% = 25.98\%$

答 钢球装载系数为 25.98%。

4. 某台钢球磨煤机筒体容积为 $86.4m^3$，钢球极限装载系数为 27.5%，钢球的堆积密度为 $4.9t/m^3$，求该磨煤机极限钢球装入量。

解 已知 $\varphi = 27.5\%$，$\rho = 4.9t/m^3$，$V = 86.4m^3$

$G = V\varphi\rho = 86.4 \times 27.5 \times 4.9 = 116.4(t)$

答 该磨煤机极限钢球装入量为 116.4 吨。

5. 某磨煤机型号为 4.30/5.95，试求该磨煤机临界转速。

解 已知：$D = 4.3m$，则

$$n = 30/\pi\sqrt{g/R} = 30/3.1416 \times \sqrt{9.81/\frac{4.3}{2}}$$

答 该磨煤机临界转速为 20.4r/min。

6. 某电厂电除尘器入口烟气的含尘浓度为 $0.95kg/m^3$，经除尘后出口烟气的含尘浓度为 $0.022kg/m^3$，试计算本台电除尘器的除尘效率是多少？

解 $\eta = (C_E - C_0)/C_E \times 100\%$

$= (0.95 - 0.022)/0.95 \times 100\%$

$= 97.7\%$

答 本台电除尘器的除尘效率是 97.7%。

7. 某电厂输送灰浆的水灰比为 18:1，若 1 天之内向灰场输送该浓度灰浆为 1900t，试求实际向灰场输送的干灰量与耗水量各为多少吨？

解 灰量 = 灰水总量 × 灰占总量的比例

$= 1900 \times \frac{1}{19} = 100(t)$

耗水量 = 灰水总量 × 水占总量的比例

$= 1900 \times \frac{18}{19} = 1800(t)$

答 实际向灰场输送的干灰量是 100t，耗水量是 1800t。

8. 某电厂某台除尘器为双室三电场，异极间距 s 为 200mm，有效截面积 F 为 190.1m²，电场有效高度 h 为 9.9m，有效长度 l 为 3.5m，标准状况下的设计处理烟气量 Q 为 7×10^5m³/h，驱进速度 v 为 8.5cm/s，取 $K = 1$，求该除尘器的设计效率 η？

解 已知 $N = 3$，N 电场数，Z 为电场的通道数，则收尘极板面积为

$$A = 2NZhl = 2NhlF/(2sh)$$
$$= 2 \times 3 \times 3.5 \times 9.9 \times 190.1/(2 \times 0.2 \times 9.9)$$
$$= 9980.25(m^2)$$

根据多依奇效率公式 $\eta = 1 - e^{\left(\frac{-Av}{Q}\right)^K}$（其中，$A$ 为收尘极总面积；Q 为烟气流量；v 为粉尘粒子驱进速度；K 为 1），即

$$\eta = 1 - e^{-\frac{Av}{Q}}$$
$$= 1 - e^{-\frac{9980.25 \times 0.085 \times 3600}{7 \times 10^5}}$$
$$= 98.7\%$$

答 该除尘器的设计效率为 98.7%。

五、问答题

1. 煤的挥发分含量对锅炉燃烧有何影响？

答：挥发分是由可燃气体和不可燃气体组成。挥发分含量越高，挥发分着火放出的热量越多，对焦炭进行加热，使焦炭能很快着火。挥发分析出后，煤会变得松散，孔隙较多，增大燃烧表面积，加速煤的燃烧过程，使煤燃烧完全，从而获得较高的燃烧效率。

2. 煤的焦结性对锅炉工作有何影响？

答：当锅炉燃用焦结性强的煤，极易形成坚实的焦粒，焦粒内部的可燃质又很难与空气接触，致使燃烧比较困难，因此不得不将煤粉磨得细些。

3. 不同煤种，其灰熔点是否相同？同一种煤，其灰熔点是否相同？为什么？

答：不同煤种，其灰熔点不同。因为各种煤灰分的组成成分和各种成分的含量是不相同的，而不同的成分有不同的熔点，这就决定了各种煤灰熔点的不同。同一种煤，其灰熔点也不一定相同。因为灰分当其周围介质性质改变时，灰熔点也要发生变化，在还原介质中，灰熔点就要降低一些。

4.锅炉为何引入标准煤的概念?

答：由于各个电厂、各台机组所燃烧的燃料发热量不同。为了便于制定国家和各部门的生产计划，便于比较不同燃烧设备中煤的消耗量或同一设备在不同工况下的煤的消耗量，引入了标准煤的概念。

5.影响磨煤出力的主要因素有哪些?

答：(1) 筒体直径和长度。

(2) 钢球的装载量和直径。

(3) 通风量。

(4) 煤的性质。

(5) 制粉系统的漏风。

6.何谓煤粉经济细度? 画图表示其确定方法?

答：煤粉经济细度是指燃烧损失和制粉电耗之和（$q_2 + q_4 + q_N + q_m$）为最小所对应的煤粉细度。其中，q_2 为排烟所造成的热损失；q_4 为机械不完全燃烧热损失；q_N 为磨煤所消耗的电量；q_m 为制粉设备金属消耗量。

煤粉经济细度的确定方法如图 2 - 1 所示。

7.筒型磨煤机的磨煤出力与煤的装载量之间的关系怎样?

答：在一般情况下，随着筒内煤的装载量的增加，磨煤出力相应增加；但是，煤的装载量增加到一定程度

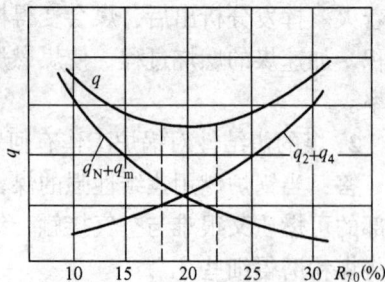

图 2 - 1 煤粉经济细度的确定

q——q_2、q_4、q_N 及 q_m 的总和

后，磨煤出力不再增加，反而降低。

8. 简述风扇磨煤机的工作原理。

答： 原煤随热风一起进入磨煤机，即被高速转动的冲击板击碎或抛到护板上撞碎。所以，风扇磨主要靠撞击作用将煤制成煤粉的。

9. 简述制粉系统各主要辅助设备（如给煤机、给粉机、粗粉分离器、细粉分离器、排粉机等）的作用。

答：（1）给煤机。将原煤按要求的数量均匀地送入磨煤机。

（2）粗粉分离器。把不合格的煤粉分离出来，送回磨煤机重新磨制；还可调整煤粉细度。

（3）细粉分离器。将风粉混合物的煤粉分离出来，储存于煤粉仓。

（4）排粉机。在制粉系统中输送煤粉—空气混合物。

（5）给粉机。按照锅炉负荷需要的煤粉量，把煤粉仓中的煤粉均匀地送入一次风管。

10. 对于煤粉炉，原煤的干燥程度与哪些因素有关？

答：（1）原煤的初水分。

（2）干燥剂的初温。

（3）原煤的装载量。

（4）原煤粒度。

11. 磨煤机满煤的原因是什么？

答：（1）运行控制不当。

（2）原煤自流及自动装置失灵。

（3）由于原煤水分过高，干燥能力不足，给煤和制粉系统之间平衡遭到破坏。

12. 磨煤机满煤如何处理？

答： 停止给煤，加大通风量。必要时，停止磨煤机运行，打开人孔门，将煤清理出来。

13. 画出配中速磨的正压直吹式制粉系统示意图并标出各设备名称。

14. 画出风扇磨煤机直吹式制粉系统图，并标出各设备名称（热风干燥）。

答：如图2-3所示。

15. 画出粗粉分离器的工作原理图，并写出各设备名称。

答：如图2-4所示。

16. 影响钢球筒型磨煤机运行的因素有哪些？

答：当球磨机的筒体转速发生变化时，筒中钢球和煤的运转特性会发生变化。当筒体转速很低时，随着筒体转动，钢球被带到一定高度，在筒体内形成向筒体的下部倾斜的状态。当钢球锥的倾角等于和大于钢球的自然倾角时，球就沿斜面滑下，这样对煤的碾磨很差，且不易把煤粉从钢球堆中分离出来。

答：如图2-2所示。

图2-2　正压直吹式制粉系统
1—原煤斗；2—自动磅秤；3—给煤机；4—磨煤机；5—煤粉分离器；6——次风箱；7——次风管；8—喷燃器；9—锅炉；10—送风机；11——次风机；12—空气预热器；13—热风管道；14—冷风管道；16—二次风箱；17—冷风门；18—磨煤机密封冷风门；19—密封风机

当筒体转速超过临界转速后钢球受到的离心力很大，这时钢球和煤均附在筒壁上一起转动，这时磨煤作用很小。

17. 制粉系统启动前应进行哪些方面的检查与准备工作？

答：（1）设备检查。设备周围应无积存的粉尘、杂物；各处无积粉自燃现象；所有挡板、锁气器、检查门、人孔等应动作灵活，均能全开及关闭严密；防爆门严密并符合有关要求，粉位测量装置已提升到适当高度；灭火装置处于备用状态。

（2）转动机械检查。所有转动机械处于随时可以启动状态；润滑油系统油质良好，温度符合要求，油量合适，冷却水畅通。转动机械在检修后均进行分部试运转。

（3）原煤仓中备用足够的原煤。

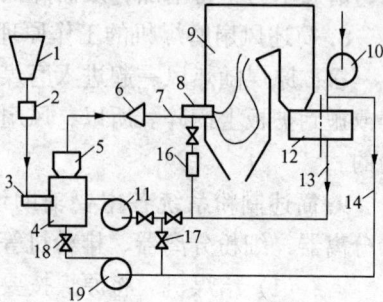

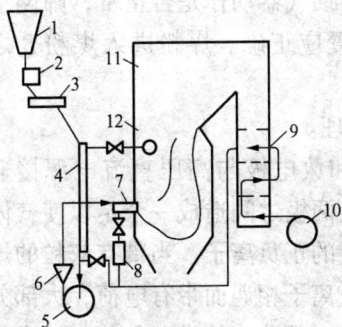

图 2-3　风扇磨煤机直吹
式制粉系统图

1—原煤仓；2—自动磅秤；3—给煤机；
4—下行干燥管；5—磨煤机；6—粗粉
分离器；7—喷燃器；8—二次风箱；9—
空气预热器；10—送风机；11—锅炉；
12—抽烟口

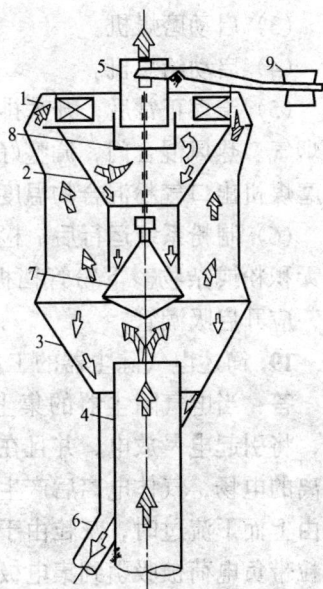

图 2-4　改进型离心式
粗粉分离器原理图

1—折向挡板；2—内锥；3—外锥；
4—进口管；5—出口管；6—回粉管；
7—锁气器；8—出口调节筒；9—平
衡重锤

（4）电气设备、热工仪表及自动装置均具备启动条件。如果检修后启动，还需做的试验有：拉合闸试验、事故按钮试验、连锁装置试验等。

18. 中间储仓式制粉系统的启动过程怎样？

答：（1）启动排粉机，确信正常运转后，先开启出口挡板，然后开大入口挡板及磨煤机入口热风门，关小入口冷风门，使磨煤机出口风温达到规定要求。调节磨煤机入口负压及排粉机出口风压规定值。

（2）启动磨煤机的润滑油系统，调整好各轴承的油量，保持正常油压、油温。

（3）启动磨煤机。

（4）启动给煤机。

（5）给煤正常后，开大排粉机入口挡板及磨煤机入口热风门或烟气、热风混合门，调整好磨煤机入口负压及出入口压差，监视磨煤机出口气粉混合物温度符合要求。

（6）制粉系统运行后，检查各锁气器动作是否正常，筛网上有无积粉或杂物。下粉管挡板位置应正确。煤粉进入煤粉仓之后，应开启吸潮管。

19. 简述电气除尘器的工作原理。

答： 当电气除尘器的集尘极和放电极与高压直流电源接通后，将引起电晕放电，并且在正负两极之间造成一个足以使气体电离的电场，气体电离后产生大量的正负离子。当带有灰粒的烟气由上而下流过时，灰粒由于正负离子相遇而带有电荷，大部分灰粒带负电荷被吸引到集电极上，少部分灰粒带正电荷而被吸引到放电极上。灰粒把自身的电荷放给集尘极和放电极后，就向下落入灰斗中。集尘极上常常会粘附一些灰粒，当达到一定厚度时将影响集尘效率。此时，可由振打装置定期或连续振打集尘极，清除粘附的灰粒。

20. 电除尘器供电装置常用电子元器件有哪些？

答： 二极管、晶体三极管、单结晶体管、结型场效应管、晶闸管、运算放大器等。

21. 电除尘器投入时应具备哪些条件？

答：（1）烟气温度低于 160℃，最高不超过 200℃。

（2）烟气负压小于或等于 3920Pa。

（3）烟气中易燃气体的含量必须低于危险程度，一氧化碳含量小于 1.8%。

（4）烟气含尘量不大于 $52g/m^3$。

（5）烟气尘粒比电阻在 160℃时应小于 $3.27 \times 10^{12}\Omega \cdot cm$。

（6）接地电阻小于 1Ω。

(7) 高压供电装置应在锅炉停止燃油后投入。

22. 合理的收尘极板应具备哪些条件?

答: (1) 具有较好的电气性能,极板面上电场强度和电流密度分布均匀,火花电压高;

(2) 集尘效果好,能有效地防止二次飞扬;

(3) 振打性能好,清灰效果显著;

(4) 具有较高的机械强度,刚度好,不易变形;

(5) 加工制作容易,金属耗量少,每块极板不允许有焊缝。

23. 管路系统在电除尘器中包括哪几部分,各起何作用?

答: 电除尘器的管路系统一般包括以下三部分。

(1) 蒸汽加热系统。它的作用是通过除尘器灰斗外壁加热管,使灰斗内的干灰不致受潮结块造成堵灰而引起电场短路。

(2) 热风保养管路。它是将热风通过灰斗壁直接通入电除尘器内部,作为停机时保养及水冲洗后烘干的热源。另外在运行中,用以向绝缘用瓷轴、绝缘瓷柱、绝缘瓷套管等引少量热风进行吹扫,以防表面积灰。

(3) 水冲洗管路。作用是停机时将水引入电除尘器内部,对电极进行冲洗。

24. 什么是气流旁路?它对电除尘器运行有哪些影响?

答: 气流旁路是指电除尘器内的气流不通过收尘区,而从收尘极板的顶部、底部和极板左右最外边与壳体内壁形成的通道中通过。

气流旁路使一部分含尘烟气不经过处理就排向大气,而且还会引起二次飞扬,降低除尘效率。

25. 简述陶瓷多管式除尘器的工作原理。

答: 含尘烟气沿陶瓷多管式除尘器的导向器进入旋风子内部旋转,在离心力作用下,气流中的灰粒沿旋风子内壁一边旋转一边下落到灰斗中。洁净的烟气到达旋风子底部经导气管转而向上流动,最后经出口排出。

26. 水膜式除尘器在运行中应作哪些检查与监视工作?

答：（1）定期检查稳压水箱的水位，水位维持在 1/2 以上。

（2）按规定检查环形喷嘴及烟道喷嘴，应无堵塞或泄漏，供水压力应合格。

（3）检查除尘器各部位，应无漏风；水封装置及烟道口的人孔门、检查孔、防爆门等应不漏风。

（4）监视冲灰水泵及其系统的运行情况，运行应正常，水压稳定；水膜除尘器不许断水，喷嘴不许堵塞或有毛刺，不许有局部堵塞引起水的急射现象。

27. 水力除灰系统主要设备有哪些？

答：捞渣机（或刮板机）、碎渣机、灰浆泵、轴封水泵、冲灰水泵、浓缩机、容积泵、箱式冲灰器、搅拌器等。

28. 气力除灰系统中的料位计有哪几种？

答：常用的有水银泡触点式、音叉式、电感式、负压光电式和辐射式等。

29. 水力除灰的用水包括哪几个部分？

答：（1）机械除渣机、干灰冲灰器的灰渣浸湿、混合和水封用水；

（2）排渣槽的淋水、冲渣用水；

（3）灰渣沟内激流喷嘴的送灰用水；

（4）灰渣泵的轴封用水；

（5）喷嘴除灰器或罐式除灰器输送用水；

（6）除灰管道的冲洗用水。

30. 水力除灰管道结垢的原因有哪些？

答：水力除灰管道结构的原因很多，但主要与以下几个因素有关。

（1）灰渣性质；

（2）冲灰水质；

（3）灰水浓度；

（4）除尘器的型式；

（5）锅炉炉型；

（6）除灰方式。

31. 灰渣泵起动应注意哪些事项？

答：（1）首先开启密封水门，用清水密封两端填料。

（2）起动或停止时应使泵内保持清水状况。起动时，先用清水灌满全程管路，然后切换为排灰渣；停止时，先停止输灰渣，保持清水冲管，直到输水管道出口见清水，才能结束冲管工作。

（3）两台泵串联起动时，应先起动进水的一台，然后起动出水的一台。停止时，先停止出水的一台，然后停止进水的一台。

32. 电气除尘器运行中主要监视哪些项目？

答：（1）严格监视除尘器的初级电流、整流电流和整流电压。

（2）检查排灰和下灰情况，下灰应正常，灰斗应无积灰现象。

（3）高压整流变压器、电抗器温升应正常，油温不超过70℃。

（4）按工况调整运行电压、"上升率"、"下降率"和电流极限等，使除尘器工作在最佳点。

33. 影响除灰管道磨损的主要因素有哪些？

答：（1）灰渣颗粒尺寸；

（2）灰渣颗粒硬度和形状；

（3）输送灰渣的浓度；

（4）管道流速。

34. 上引式仓泵主要由哪些部件构成？

答：仓罐本体、伞形透气阀、进料阀及其活塞开关、伞形进风阀、止回阀、罐底进风阀、料位计、出料管等。

35. 流态化仓泵由哪些主要部件构成？

答：主要组成部分有罐体、给料器、进料阀、料位计、环形喷嘴、出料管、多孔气化板、气化室、单向阀、进气阀、吹堵阀等。

36. 上式仓泵的工作过程怎样？

答：（1）切换出料口气动出料阀（该阀双仓泵运行时采用）；

（2）打开进料阀，物料进入仓泵；

（3）当料位达到规定的高度时，料位计发出高位信号，控制伞形透气阀、进料阀自动关闭；

（4）打开进气伞形阀，向仓泵充入压缩空气，压缩空气经缸底进风阀和环形吹松管进入，使物料气化进入输送管，经管道输送至灰库；

（5）当仓罐内的压力降到下限值时，自动关闭进气伞形阀，同时打开伞形透气阀泄压，一个输送过程结束，然后进入下一个循环。

37. 何谓高压风机和低压风机？

答：高压风机是指风机的出口风压在 3kPa（300mm 水柱）以上的风机。

低压风机是指风机的出口风压在 1kPa（100mm 水柱）以下的风机。

38. 离心式风机的压头与哪些因素有关？

答：主要与三个因素有关，即：①叶轮直径；②转速；③流体密度。

39. 风机转子不平衡引起振动的消除方法有哪些？

答：（1）先更换坏的叶片或叶轮，再找平衡。

（2）清除和擦净叶片上的附着物。

（3）清扫进风管道灰尘，调整挡板，使两侧进风风压相等。

40. 在风机运行中，监视的主要内容有哪些？

答：（1）监视轴承的润滑、冷却情况和温度的高低。

（2）通过电流表来监视电动机负荷，不允许在超负荷状态下运行。

（3）监视运行中的振动，声音应无异常。

41. 水泵发生汽化有何现象？如何处理？

答：汽化现象：

（1）水泵电流指示下降，有不正常的摆动。

（2）水泵有异常声音，出入口管道发生冲击和振动。

（3）水泵盘根冒汽，平衡管压力升高，并大幅度摆动。

（4）水泵出口压力、流量不稳。

处理方法：

（1）关小出口门。

（2）开启出口排汽门。

（3）若入口有正压值，应开启入口排汽门。

（4）提高进口压力，降低入口水温度。

（5）待出口压力正常，管道冲击和振动减弱、排汽门溢水时将其关闭，再缓慢开启出口门恢复正常运行，否则应立即停泵处理。

42. 煤灰中含有较高 Al_2O_3 的煤，为何不适合于在液态排渣旋风炉中燃烧？

答：（1）Al_2O_3 及其复合化合物都是难熔晶体，它会阻碍熔体的变形。

（2）含 Al_2O_3 较多的煤灰在高温下还能生成一种白色漂浮于水面上的浮渣，这种浮渣在旋风炉渣井内水面上形成床面，使旋风炉产生的液态渣落于"床面"上，不能及时进入粒化箱中粒化凝固，使渣井堵死而被迫停炉。

（3）由于冲渣水和粒化水是循环使用，若浮渣被带进沉渣池，还会堵住冲渣泵和粒化泵入口过滤网和渣沟喷嘴，严重影响液态排渣炉的安全运行。

因此，含有较高 Al_2O_3 的煤，不适合在液态排渣旋风炉中燃烧。

43. 立式旋风炉煤粉颗粒过粗造成的危害是什么？

答：（1）煤粉颗粒大，靠重力作用使大颗粒落到炉底，造成流渣不畅，飞灰可燃物增大，降低锅炉效率。

（2）大量没有燃尽的煤粉落入渣栏附近，而该处温度又在 $1300 \sim 1400℃$，其上部的煤粉受高温作用而燃烧，底部煤粉没有燃尽，使炉底增高，影响流渣。

（3）颗粒粗，容易造成二次室炉底积灰，使二次室容积减小，旋风炉正压。

（4）煤粉颗粒大，质量重，容易堵塞一次风管，给运行造成困难，同时加速一次风管的磨损，给检修增加工作量。

44. 风力机械抛煤机的工作原理怎样？

答：抛煤机转子由电动机通过减速传动机构带动。当给煤机的推煤活塞在调节板上作往复移动时，从煤斗下来的煤被推给转子，然后被转动的叶片抛出，从而实现抛煤。

45. 简述链板式除灰机的工作原理。

答：起动电动机，经减速机将 1450r/min 的转速降到 114.7r/min，再降到 7r/min。通过联轴器带动主动五角轮转动，五角轮带动链板以 3.5r/min 的速度转动。两链板中间夹满灰，随链板转动被输送出余热锅炉，至落灰处，再经螺旋输送机、提升机送到灰场。

46. 通常所说的"七漏"是指什么？

答：七漏是指漏汽、漏水、漏风、漏灰、漏油、漏煤、漏粉。

47. 生产总结会的内容有哪些？

答：（1）当班发生的异常情况、原因、经过及应吸取的教训。

（2）规程制度及各项措施的执行情况。

（3）劳动纪律情况及文明生产情况。

（4）各项技术经济指标完成情况。

（5）运行记录填写情况。

（6）好人好事情况等。

48. 在什么情况下，应重新签发工作票，并重新进行许可工作的审查程序？

答：（1）部分检修的设备将加入运行。

（2）值班人员发现检修人员严重违反安全工作规程或工作票

内所填写的安全措施时，应制止检修人员工作，并将工作票收回。

（3）必须改变检修与运行设备的隔断方式或改变工作条件时。

第三章 主 岗 位

第一节 中 级 工

一、填空题

1. 发生燃烧必须同时具备的三个条件是 ① 、 ② 和 ③ 。

答：①可燃物质；②氧化剂；③着火热源。

2. 炉内燃烧后剩余空气量的多少通常用炉膛出口处的 ① 表示，对于一般煤粉炉其值约为 ② 。

答：①过量空气系数；②1.15～1.25。

3. 煤粉从进入炉内到燃尽大致分为 ① 、 ② 、 ③ 三个过程。

答：①着火前的准备阶段；②燃烧阶段；③燃尽阶段。

4. 煤粉迅速而完全燃烧的必要条件是 ① 、 ② 、 ③ 和 ④ 。

答：①相当高的炉内温度；②合适的空气量；③煤粉与空气良好混合；④充足的燃烧时间。

5. 烟气中的过量空气系数越大，烟气的含氧量_____。

答：越多。

6. 锅炉的各项热损失中，最大的热损失是_____。

答：排烟热损失。

7. 锅炉效率的计算有 ① 和 ② 两种方法，电厂中常采用 ③ 方法。

答：①正平衡；②反平衡；③反平衡。

8. 挥发分低的煤，着火温度 ① ，从煤粉进入炉内到达到着火温度所需的热量 ② 。

答：①高；②多。

124

9. 碳的燃烧速度决定于 ___①___ 速度和 ___②___ 速度。

答：①化学反应；②物理混合。

10. 锅炉的蒸发设备是由 ___①___、___②___、___③___、___④___ 所组成。其中 ___⑤___ 和 ___⑥___ 不受热。

答：①汽包；②水冷壁；③下降管；④联箱；⑤汽包；⑥下降管。

11. 水冷壁分为 ___①___ 水冷壁、___②___ 水冷壁和 ___③___ 式水冷壁三类。

答：①光管；②膜式；③刺管。

12. 下降管一端与 ___①___ 连接，另一端与 ___②___ 连接。为保证水循环的可靠性，下降管应放置在 ___③___。

答：①汽包；②下联箱；③炉外。

13. 汽水混合物在垂直圆管中的流动状态有 ___①___、___②___、___③___ 和 ___④___。

答：①汽泡状；②汽弹状；③汽柱状；④雾状。

14. 锅炉的水循环分为 ___①___ 循环和 ___②___ 循环。

答：①自然；②强制。

15. 强制循环分为 ___①___ 强制循环和 ___②___ 强制循环。

答：①多次；②一次。

16. 蒸汽中杂质主要来源于 ___①___，是以 ___②___ 和 ___③___ 两种方式进入蒸汽中。

答：①给水；②机械携带；③选择性携带。

17. 为降低炉水含盐量，采用 ___①___ 和 ___②___ 方法，为减小蒸汽的选择性携带采用 ___③___ 的方法，为减小蒸汽的带水量采用 ___④___ 的方法，以提高蒸汽的品质。

答：①锅炉排污；②锅内水处理；③蒸汽清洗；④汽水分离。

18. 锅炉的水处理分为 ___①___ 水处理和 ___②___ 水处理。

答：①锅内；②锅外。

19. 当上升管入口处的水流速度趋近于零时，称为循环

_____。

答：停滞。

20. 在自然循环回路中，工质的运动压头与　①　和　②　有关。

答：①循环回路的高度；②汽水的平均密度差。

21. 锅炉负荷增加，蒸汽湿度_____。

答：增加。

22. 锅炉排污分为　①　排污和　②　排污两种。

答：①定期；②连续。

23. 锅炉的排污率是指　①　占　②　的百分数。

答：①排污量；②锅炉蒸发量。

24. 影响汽包内饱和蒸汽带水的主要因素有　①　、
　②　、　③　、和　④　。

答：①锅炉负荷；②蒸汽压力；③蒸汽空间高度；④炉水含盐量。

25. 蒸汽压力越高，对蒸汽品质要求_____。

答：越高。

26. 在锅炉运行最初阶段，随着炉水含盐量的增加，蒸汽湿度　①　；当炉水含盐量增加到　②　时，继续增加炉水含盐量，蒸汽湿度急剧增加。

答：①基本不变；②临界炉水含盐量。

27. 蒸汽清洗的清洗水的品质越好，则清洗后的蒸汽的品质_____。

答：越高。

28. 根据换热方式，过热器分为　①　过热器、　②　过热器和　③　过热器。

答：①对流式；②辐射式；③半辐射式。

29. 对流过热器按烟气与蒸汽的流动方式可分为　①　、
　②　、　③　、和　④　四种。

答：①顺流；②逆流；③双逆流；④混流。

30. 热偏差产生的原因是工质侧的 ___①___ 和烟气侧的 ___②___ 。

答：①流量不均；②热力不均。

31. 过热器的作用是将 ___①___ 蒸汽加热成一定温度和压力的 ___②___ 蒸汽。

答：①饱和；②过热。

32. 对流过热器根据蛇形管的布置方式分为 ___①___ 和 ___②___ 两种。

答：①立式；②卧式。

33. 对流过热器的汽温特性是负荷增加，过热器出口汽温 _____ 。

答：升高。

34. 过热器管内工质吸热不均的现象，称过热器的_____。

答：热偏差。

35. 喷水减温器具有结构 ___①___ 、调节 ___②___ ，易于 ___③___ 的优点。

答：①简单；②灵敏；③自动化。

36. 在锅炉起动时，为保护省煤器，在汽包与省煤器之间装设_____。

答：省煤器再循环管。

37. 省煤器的出水管与汽包的连结采用_____的方式。

答：加装套管。

38. 省煤器是利用锅炉排烟的热量加热锅炉_____的热交换设备。

答：给水。

39. 空气预热器是利用锅炉尾部烟气的热量来加热锅炉燃烧所用的_____。

答：空气。

40. 管式省煤器在运行中的主要故障是灰粒对管壁的 ___①___ 和管内壁___②___ 。

答：①磨损；②氧腐蚀。

41. 烟气的流速越高，省煤器管磨损越___①___；烟气中飞灰浓度越大，磨损越___②___。

答：①严重；②严重。

42. 安全门的作用是当蒸汽压力超过___①___，安全门能___②___，将蒸汽排出，使压力恢复正常。

答：①规定值；②自动开启。

43. 安全门分为___①___安全门和___②___安全门。

答：①控制；②工作。

44. 中压锅炉在___①___和___②___上装有安全门。

答：①过热器；②汽包。

45. 常用的安全门有___①___、___②___、___③___安全门三种。

答：①重锤式；②弹簧式；③脉冲式。

46. 云母水位计的上端用汽连通管与汽包___①___空间相连，下端用水连通管与汽包___②___空间相连。于是，汽包与水位计就构成了一个___③___。

答：①蒸汽；②水；③连通器。

47. 脉冲式安全门是由___①___和___②___组成。

答：①活塞式主安全门；②脉冲系统。

48. 吹灰器的作用是清除受热面上的___①___，保持受热面的___②___，以保证传热过程的___③___。

答：①积灰；②清洁；③正常进行。

49. 目前常用的吹灰器有___①___吹灰器、___②___吹灰器和___③___吹灰器等。

答：①枪式；②振动式；③钢珠。

50. 枪式吹灰器使用的工质是___①___、温度≤___②___℃，工作压力在___③___。

答：①过热蒸汽；②320；③1.5～2MPa。

51. 炉墙一般分为___①___炉墙、___②___炉墙和___③___炉墙。

答：①重型；②轻型；③管承式。

128

52. 轻型炉墙一般是由 ___①___ 、 ___②___ 和 ___③___ 组成。

答：①耐火黏土砖层；②硅藻土砖层；③绝热材料。

53. 重型炉墙的特点是：炉墙直接砌筑在锅炉 ___①___ 上，炉墙一般由 ___②___ 和 ___③___ 砌成，炉墙较 ___④___ ，也较 ___⑤___ 。

答：①地基；②耐火砖；③红砖；④厚；⑤重。

54. 炉墙是用以形成 ___①___ 和 ___②___ 的墙壁。

答：①燃烧室；②烟道。

55. 煤粉炉的燃烧设备主要有 ___①___ 、 ___②___ 和 ___③___ 等部分组成。

答：①炉膛；②燃烧器；③点火装置。

56. 燃用挥发分较低的煤粉炉，一次风率可 ___①___ 些，一次风温可 ___②___ 些。

答：①小；②高。

57. 在炉膛出口由后墙水冷壁弯曲而成的折焰角改善了烟气对 ___①___ 的冲刷，充分利用 ___②___ 容积， ___③___ 了炉膛上部气流的扰动。

答：①过热器；②炉膛；③加强。

58. 煤粉燃烧器按气流形式可分为 ___①___ 喷燃器和 ___②___ 喷燃器。

答：①旋流；②直流。

59. 直流燃烧器喷出气流的扩散角较 ___①___ ，射程 ___②___ 。

答：①小；②长。

60. 炉膛的作用，一是要保证煤粉在炉膛内有足够的 ___①___ ，以减少 ___②___ ；二是必须布置足够的 ___③___ 吸热，使炉膛出口烟温低于 ___④___ 。

答：①燃烧时间和空间；②不完全燃烧热损失；③水冷壁；④灰熔点。

61. 锅炉的水压试验是锅炉在 ___①___ 下对锅炉承压部件进行的一种 ___②___ 。

答：①冷状态；②严密性检查。

62. 水压试验分为　①　的水压试验和　②　水压试验。

答：①工作压力下；②超压。

63. 锅炉进行水压试验时，当压力升到工作压力后，应立即　①　升压，在此压力下持续　②　min，若压力变化不超过0.2MPa，即可继续做　③　水压试验。

答：①停止；②5；③超压。

64. 燃烧室和烟道的严密性试验分　①　试验法和　②　试验法两种。

答：①正压；②负压。

65. 采用负压法进行燃烧室的严密性试验时，应首先起动　①　，保持燃烧室和炉膛负压为　②　Pa，沿炉墙移动火把，若火把被某处吸去，则说明此处　③　。

答：①吸风机；②100~150；③不严密。

66. 烘炉是利用一定的热量将炉墙内的　　　从炉墙表面排除出去。

答：水分。

67. 烘炉分为两个阶段：炉墙在施工期间的　①　阶段和　②　阶段。

答：①自然干燥；②加热烘烤。

68. 煤粉炉的烘炉一般采取　①　烘炉、　②　烘炉和　③　烘炉三种方法。

答：①热风；②蒸汽；③燃烧。

69. 煮炉是利用　①　溶液，清除锅炉内壁产生的　②　、　③　、　④　及其他脏物。

答：①碱性；②铁锈；③沾染的油垢；④水垢。

70. 煮炉常用的碱性溶液有　①　、　②　和　③　。

答：①氢氧化钠；②磷酸三钠；③无水磷酸钠。

71. 锅炉的化学清洗是采用某些化学药品的水溶液通过　①　，使这些溶液在锅炉　②　内部循环，清除汽水系统的各种　③　，同时使　④　内表面形成一种　⑤　。

答：①水泵；②承压部件；③水垢；④承压部件；⑤保护膜。

72. 化学清洗的药液中含有___①___剂、___②___剂和___③___剂。

答：①清洗；②缓蚀；③添加。

73. 化学清洗后的锅炉可通过_____的方法鉴别清洗效果。

答：割管检查。

74. 在保证吹管系数大于1的前提下，连续___①___次更换靶板检查，若靶板上冲击斑痕粒径___②___mm，且用肉眼观察斑痕不多于___③___点时即为合格。

答：①两；②小于1；③10。

75. 降压法冲洗管路的过程是当锅炉升压到一定压力后，保持一定燃料量，尽快___①___控制阀，利用___②___产生的附加蒸汽增大冲洗流量。达到较好的冲洗效果。

答：①全开；②压力降低。

76. 安全门是锅炉的重要___①___设备，必须在___②___下进行调试才能保证其动作准确可靠。

答：①保护；②热态。

77. 锅炉设备安装完毕并完成分部试运行后必须通过_____h整套试运行。

答：72。

78. 根据锅炉起动前所处状态的不同，起动分为___①___起动和___②___起动。

答：①冷态；②热态。

79. 锅炉的主蒸汽系统大致可分为___①___系统和___②___系统。

答：①单元制；②母管制。

80. 中低压锅炉的上水时间，夏季不应少于___①___h，冬季不应少于___②___h。

答：①1；②2。

81. 在锅炉上水过程中，汽包的上壁温度____①____下壁温度，在升温升压过程中，上壁温度____②____下壁温度。

答：①低于；②高于。

82. 在锅炉点火前应对炉内进行通风，通风时间应不少于_____min。

答：5。

83. 锅炉上水的水质应为_____的除盐水。

答：除过氧。

84. 锅炉上水完毕后，若汽包水位继续上升，说明____①____；若水位下降，说明____②____。

答：①进水阀未关严；②有漏泄的地方。

85. 锅炉升压指从____①____到汽压升高到____②____的过程。

答：①点火；②工作压力。

86. 在锅炉起动过程中，当汽压升至____①____时，应关闭所有空气门，汽压升至____②____时，应冲洗汽包水位计。

答：①0.1~0.2MPa；②0.2~0.3MPa。

87. 锅炉起动并汽时，起动锅炉的汽压低于母管____①____MPa，汽温比额定值低____②____℃，汽包水位低于正常水位____③____mm。

答：①0.05~0.1；②30~60；③30~50。

88. 锅炉的停运分为____①____停炉和____②____停炉两种。

答：①正常；②事故。

89. 锅炉停止送风机后，吸风机应继续运行____①____min，以便排除燃烧室和烟道中可能残存的____②____。

答：①5~10；②可燃气体。

90. 当锅炉设备由于内部或外部原因发生事故，必须停止锅炉运行时，称____①____停炉；根据事故的严重程度，需立即停止锅炉运行时，称为____②____停炉。

答：①事故；②紧急。

91. 为防止停炉后汽包壁温差过大，应将锅炉上水至_____。

答：最高水位。

92. 锅炉停止向外供汽时，要定时进行放水和上水，其目的是_____。

答：使锅炉各部分均匀冷却。

93. 停用锅炉的保养方法有___①___和___②___两种。

答：①湿法防腐；②干燥保护法。

94. 干燥保护法是使停用锅炉内部金属表面经常保持___①___，或使金属表面与___②___隔绝，达到___③___目的。

答：①干燥；②空气；③防腐。

95. 锅炉的主要运行参数是指___①___、___②___、___③___等。

答：①汽压；②汽温；③水位。

96. 对于单元制系统，锅炉的蒸发量与外界负荷相平衡时，汽压___①___；当外界负荷增加，而锅炉燃料量和风量未变，汽压___②___，汽温___③___。

答：①保持不变；②下降；③降低。

97. 保持运行时蒸汽压力的稳定主要取决于锅炉___①___和___②___这两个因素。

答：①蒸发量；②外界负荷。

98. 如果汽压与蒸汽流量的变化方向相反，则是由于_____的影响所造成的。

答：负荷变化。

99. 在喷水减温系统中，过热汽温升高，减温水门___①___，减温水流量___②___。

答：①开大；②增加。

100. 炉膛漏风量增加，炉内过量空气量___①___，炉膛温度___②___，烟气体积___③___，对流过热器出口汽温___④___。

答：①增加；②降低；③增加；④升高。

101. 当受热面结渣时，受热面内工质吸热_____，致使烟温升高。

答：减少。

102. 给水温度降低，若保持燃料量不变，蒸汽量则___①___，过热器出口汽温___②___。

答：①减小；②升高。

103. 蒸汽侧调节汽温的方法是_____。

答：采用减温器。

104. 炉膛火焰中心上移，炉膛出口烟道___①___，过热器出口汽温___②___。

答：①升高；②升高。

105. 在外界负荷不变情况下强化燃烧时，水位的变化是：暂时___①___、然后___②___。

答：①升高；②下降。

106. 引起水位变化的主要因素是___①___、___②___、___③___等。

答：①锅炉负荷；②燃烧工况；③给水压力。

107. 给水压力升高，给水流量___①___，若锅炉的蒸发量不变，汽包水位___②___。

答：①增大；②升高。

108. 水位的调节是通过改变_____的开度实现的。

答：给水调节阀。

109. 当锅炉负荷增加时，必须增加___①___和___②___。

答：①燃料量；②风量。

110. 对于中间储仓式制粉系统，当锅炉负荷变化不大时，通过改变___①___调节燃料量；当锅炉负荷变化较大时，应采用___②___作为主要调节燃料量的方法。

答：①给粉机转速；②投停喷燃器。

111. 若 CO_2 仪指示值低，而 O_2 仪指示值过高，说明炉内风量___①___，应___②___送风机入口挡板。

答：①多；②关小；

112. 若进、出炉膛物料相对保持平衡，炉膛负压___①___。若增加送风量，而吸风量不变，炉膛压力___②___。

答：①相对保持不变；②升高。

113. 沿着烟气的流动方向，烟道负压_____。

答：逐渐增加。

114. 在煤粉炉中，熔融的灰渣粘附在受热面上的现象叫_____。

答：结渣。

115. 水冷壁结渣时，可能影响___①___；大面积结渣，将使锅炉___②___明显下降。

答：①水循环；②出力和效率。

116. 汽压变化，无论是外部因素还是内部因素，都反映在_____上。

答：蒸汽流量。

117. 锅炉严重满水时，应_____。

答：紧急停炉。

118. 若在水位计内看不见水位，且用叫水法叫不上来水时，称___①___，应___②___。

答：①严重缺水；②紧急停炉。

119. 锅炉的水位事故分为___①___和___②___。

答：①锅炉满水；②锅炉缺水。

120. 水冷壁、省煤器、过热器或联箱泄漏时，应_____。

答：申请停炉。

121. 锅炉的燃烧事故包括___①___和___②___。

答：①炉膛灭火；②烟道再燃烧。

122. 锅炉灭火现象是：炉膛负压___①___，灭火监视器___②___，炉内无火焰，汽温和蒸汽流量___③___，汽包水位___④___。

答：①突然增至最大；②灯灭；③直线下降；④先降低后升高。

123. 发生烟道再燃烧会使烟道内的受热面_____。

答：过热燃坏。

124. 烟道再燃烧的现象是：炉膛负压和烟道负压 ① ，排烟温度 ② ，烟气中氧量 ③ ，热风温度、省煤器出口水温等介质温度 ④ 。

答：①失常；②升高；③下降；④升高。

125. 若水冷壁管发生爆破并无法维持正常燃烧时，应_____。

答：紧急停炉。

126. 水冷壁管爆破的现象是：炉膛内发出强烈响声，燃烧 ① ，炉膛变正压，汽压、汽温 ② 、汽包水位 ③ ，给水流量 ④ 蒸汽流量，烟温 ⑤ 等。

答：①不稳；②下降；③降低；④不正常大于；⑤降低。

127. 6kV厂用电中断时，所有电动机 ① ，汽压、蒸汽流量、汽温 ② ，水位 ③ ，锅炉 ④ 。

答：①跳闸；②突降；③先降低后升高；④灭火。

128. 0.4kV厂用电中断时，电动机电流指示 ① ，锅炉 ② 。

答：①回零；②灭火。

129. 液态排渣炉适合于燃烧灰熔点 ① ，挥发分 ② 的燃料。

答：①低；②低。

130. 煤粉在旋风筒内的燃烧，细煤粉是在 ① 、粗煤粉是在 ② 完成燃烧过程的。

答：①悬浮状态；②筒体壁面。

131. 立式旋风炉燃烧室内水冷壁采用_____式水冷壁。

答：销钉。

132. 旋风筒内温度升高，熔渣膜 ① ，水冷壁内工质的吸热量 ② ，反而使炉内温度 ③ 。

答：①变薄；②增加；③降低。

133. 立式旋风炉脱火的现象是：从前置炉看火孔看炉内 ① ，无火光，二次室火焰较正常 ② ，蒸汽温度 ③ ，壳口__④__，一、二次风摆动幅度比正常大。

答：①变暗；②亮；③异常升高；④不流渣。

134. 前置炉上部不着火而下部着火一般发生在__①__，其原因是炉内温度__②__、煤粉挥发分__③__、发热量__④__等。

答：①点火初期；②低；③低；④低。

135. 液态排渣立式旋风炉的结渣类型有__①__、捕渣管__②__，__③__堵渣、__④__堵渣和__⑤__堆渣等。

答：①二次风口结渣；②挂渣；③渣栏的壶口；④渣井；⑤粒化箱。

136. 液态排渣炉结渣的主要原因有__①__和__②__。

答：①配煤不均匀；②燃烧调整不好。

137. 立式旋风炉二次室炉底积灰，导致烟气流动阻力__①__，前置炉和二次室压力__②__，不严密处向外__③__、__④__、__⑤__。

答：①增大；②升高；③漏灰；④漏粉；⑤冒烟。

138. 当煤中碱金属氧化物含量大于0.5%时对流受热面的积灰相对_____。

答：增加。

139. 影响立式旋风炉对流受热面积灰的因素有__①__、__②__和__③__。

答：①煤灰特性及化学成分；②烟气含尘成分；③炉膛出口温度。

140. 液态排渣炉炉内析铁的主要来源是__①__、__②__和__③__等。

答：①灰分中各种铁化合物；②磨煤机械的铁质磨屑；③铁异物。

141. 水冷壁管外侧的腐蚀属于__①__腐蚀，其两种类型是__②__和__③__。

答：①高温；②硫酸盐型；③硫化物型。

142. 对于层燃炉，燃料着火的热量主要来自炉膛火焰和炉拱的＿＿＿＿＿＿。

答：辐射热。

143. 链条炉存在着火条件＿①＿、燃烧过程＿②＿强化、对煤质要求＿③＿的缺点，而将＿④＿用于链条炉上，可改善其着火燃烧过程。

答：①差；②不容易；③较高；④抛煤机。

144. 层燃炉的燃烧设备包括＿①＿、＿②＿、＿③＿。

答：①炉排；②炉膛；③抛煤机。

145. 链条炉排可分为＿①＿式、＿②＿式和＿③＿式三种。

答：①鳞片；②横梁；③链带。

146. 层燃炉的燃烧室是由＿①＿、＿②＿和排管所包围的部分所组成。

答：①炉排；②炉墙。

147. 层燃炉的热强度分为＿①＿热强度和＿②＿热强度。

答：①炉排；②炉膛。

148. 挥发分＿①＿、发热量＿②＿的燃料适合采用混合拱的层燃炉型式。

答：①高；②低。

149. 在层燃炉运行中，当距煤闸门＿①＿m处没有燃煤时，＿②＿炉排转动；当炉排上的煤燃尽后，＿③＿炉排。

答：①0.5；②暂停；③重新转动。

150. 在链条炉运行中一般保持＿①＿煤层，＿②＿风压和＿③＿的炉排转动速度。

答：①薄；②低；③较快。

151. 链条炉的燃烧调节应保持着火＿①＿，燃烧＿②＿，火床＿③＿，燃尽区位置＿④＿和＿⑤＿。

答：①稳定；②均匀；③平整；④适宜；⑤不跑火。

152. 链条炉常见的故障有＿①＿、＿②＿等。

答：①炉排卡住停转；②燃烧室及吊碴损坏。

153. 若层燃炉炉墙及吊碴损坏面积不大，损坏不严重，可

通过 ① 、降低 ② 等方法维持短时间运行；若炉墙损坏严重、应 ③ 。

答：①降低炉内过量空气系数；②燃烧温度；③立即停炉。

154. 余热锅炉汽包的布置型式有 ① 、 ② 、 ③ 、 ④ 。

答：①横置式；②纵置式；③上、下汽包式；④侧纵汽包式。

155. 防灰管一般装在余热锅炉的 ① ，又称 ② 。

答：①最前端；②水冷屏。

156. 余热锅炉的对流管束的结构有 ① 和 ② 两种型式。为提高锅炉效率，多采用 ③ 型式。

答：①顺排；②叉排；③叉排。

157. 余热锅炉的汽水系统是由 ① 、 ② 、 ③ 、 ④ 、和 ⑤ 组成。

答：①汽包；②防灰管；③过热器；④对流管束；⑤省煤器。

158. 余热锅炉中省煤器的常见故障有 ① 、 ② 和 ③ 。

答：①氧腐蚀；②外表面腐蚀；③机械磨损。

159. 余热锅炉的上水温度一般控制在 ① ℃，上水时间一般为 ② h，其目的是为了保护 ③ 。

答：①40~60；②1.5~2；③汽包。

160. 余热锅炉当汽压升至_____时，进行蒸汽管道的暖管。

答：0.2MPa。

161. 余热锅炉的运行调节是对 ① 、 ② 、 ③ 的调节和对 ④ 出口及 ⑤ 出口排烟温度的调节。

答：①汽压；②汽温；③给水；④辐射冷却室；⑤锅炉。

162. 余热锅炉若结渣不严重，用 ① 的方法打渣；若结渣严重，应 ② 。

答：①人工打渣；②紧急停炉。

163. 余热锅炉若需切断热源时，应关闭___①___；若被卡住，则应迅速关闭___②___，以免事故扩大。

答：①进烟烟门；②出烟烟门。

164. 余热锅炉造成结渣的主要原因是_____。

答：冷却室设计不当。

165. 循环流化床锅炉的物料是由___①___、锅炉运行中加入的___②___和___③___、返送回来的___④___以及燃料燃烧后产生的其它固体物质等组成。

答：①床料；②燃料；③脱硫剂；④飞灰。

166. 循环流化床锅炉的废料是指___①___和___②___。

答：①飞灰；②炉渣。

167. 固体颗粒燃料或物料自然堆放不加任何"约束"时，单位体积的燃料质量称_____。

答：堆积密度。

168. 随着空隙率的增加，堆积密度___①___，颗粒密度___②___。

答：①减小；②不变。

169. 物料循环倍率的大小主要决定于_____。

答：物料回送量。

170. 沟流一般分为___①___沟流和___②___沟流。

答：①贯穿；②局部。

171. 节涌现象容易发生在___①___床和___②___床之间的流化过程中。

答：①鼓泡；②湍流。

172. 循环流化床几种不正常的流化状态是___①___、___②___、___③___和___④___。

答：①沟流；②气泡；③节涌；④分层。

173. 气流速度一定，随着物料颗粒直径的减小，炉膛上部物料浓度_____。

答：增加。

174. 劣质燃料是指 ___①___ 、 ___②___ 、 ___③___ 、 ___④___ 的燃料。

答：①高灰分；②高水分；③低热值；④低灰熔点。

175. 鼓泡床内的埋管吸热的三个途径是： ___①___ 、 ___②___ 和 ___③___ 。

答：①颗粒对流放热；②颗粒间隙中气体对流放热；③床层辐射放热。

176. 循环流化床内的传热主要通过物料对受热面的 ___①___ 和固体、气体间 ___②___ 实现的。

答：①对流传热；②辐射换热。

177. 床温升高，循环流化床炉内传热系数_____。

答：增大。

178. 物料循环倍率增加，炉内物料浓度 ___①___ ，传热系数 ___②___ 。

答：①增大；②增大。

179. 呈湍流床状态时，床料内的气泡已 ___①___ ，气、固混合剧烈，看不清 ___②___ ，床内下部的床料浓度 ___③___ 上部的床料浓度。

答：①消去；②分界面；③大于。

180. 循环流化床的最大特点是燃料通过物料循环系统在炉内 ___①___ ，反复燃烧，使燃料颗粒在炉内停留时间 ___②___ ，达到 ___③___ 。

答：①循环；②增加；③完全燃烧。

181. 循环流化床锅炉燃烧设备是由 ___①___ 、 ___②___ 、 ___③___ 、 ___④___ 和 ___⑤___ 等组成。

答：①燃烧室；②点火装置；③一次风室；④布风板；⑤风帽。

182. 循环流化床锅炉燃烧室有 ___①___ 形、 ___②___ 形和 ___③___ 形三种结构，常用的是 ___④___ 形结构。

答：①圆；②方；③下圆下方；④方。

183. 布风板分为 ___①___ 布风板和 ___②___ 布风板两种。

答：①水冷式；②非水冷式。

184. 风帽分为 ___①___ 风帽、 ___②___ 风帽和 ___③___ 风帽三类。

答：①小孔径；②较大孔径；③导向。

185. 循环流化床锅炉点火方式有 ___①___ 点火和 ___②___ 点火两种。常用的是 ___③___ 点火。

答：①流态化；②固定床；③流态化。

186. 物料循环系统包括 ___①___ 、 ___②___ 和 ___③___ 三部分。

答：①物料分离器；②立管；③回料阀。

187. 根据分离器布置位置的不同，物料循环系统分为 ___①___ 、 ___②___ 和 ___③___ 三种。

答：①内循环；②夹道循环；③外循环。

188. 异型槽钢分离器具有结构 ___①___ 、布置 ___②___ 的优点。其缺点是磨损 ___③___ ，成本 ___④___ ，分离效率 ___⑤___ 。

答：①简单；②容易；③严重；④高；⑤低。

189. 对于旋涡物料分离器，大部分固体颗粒是在 ___①___ 进行分离的，较细颗粒是在 ___②___ 进行分离。

答：①主旋涡室；②端部旋涡室。

190. 流化态点火所用的燃料主要有 ___①___ 、 ___②___ 或 ___③___ 。

答：①燃料油；②天然气；③煤气。

191. 流态化点火分为 ___①___ 和 ___②___ 两种方式。

答：①床上点火；②床下点火。

192. 循环流化床锅炉炉内温度常用的调节方法有： ___①___ 调节法、 ___②___ 调节法和 ___③___ 调节法。

答：①前期；②冲量；③减量。

193. 循环流化床锅炉的负荷增加，给煤量 ___①___ 、回料量 ___②___ 、播煤风 ___③___ 、回料风 ___④___ 。

答：①增加；②增加；③增大；④增大。

194. 若循环流化床锅炉炉床布风板下的风室静压表指针摆

动幅度较小且频率高，说明　①　；若指针变化缓慢且摆动幅度加大时，说明　②　。

答：①硫化燃烧良好；②硫化质量变差。

195. 循环流化床锅炉采用减量给煤法调节炉温，当炉温上升时，给煤量应　①　正常值，维持 2 ~ 3min，观察炉温；若炉温停止上升，则给煤量　②　。

答：①低于；②恢复到正常值。

196. 循环流化床锅炉结焦发生的主要部位在　　　　。

答：炉床。

二、判断题（在题末括号内作出记号：√ 表示对，× 表示错）

1. 燃烧是指燃料中的可燃物质同空气中的氧剧烈进行的放热和发光的化学反应过程。（　　）

答：√。

2. 燃料在炉内燃烧时，送入炉内的空气量是理论空气量。（　　）

答：×。

3. 煤中挥发分的析出是在燃烧阶段完成的。（　　）

答：×。

4. 炉内温度越高，化学反应速度越快，煤粉的燃烧速度也越快。（　　）

答：×。

5. 处于动力燃烧过程的煤粉，燃烧速度的大小决定于炉内的温度的高低。（　　）

答：√。

6. 送入炉内的空气量越多，燃烧越完全。（　　）

答：×。

7. 煤粉迅速而完全燃烧的条件是充足的燃烧时间。（　　）

答：×。

8. 锅炉的热平衡是指锅炉在正常运行时，输入锅炉的热量

与从锅炉输出的热量相平衡。（   ）

答：√。

9. 锅炉冬季比夏季的散热损失小。（   ）

答：×。

10. 烟气中的一氧化碳含量越高，说明锅炉的化学不完全燃烧热损失越大。（   ）

答：√。

11. 机械不完全燃烧热损失是最大一项热损失。（   ）

答：×。

12. 对同一台锅炉而言，随着锅炉负荷的增加，锅炉的散热损失增大。（   ）

答：×。

13. 在蒸发设备中，水由饱和水变成饱和蒸汽。（   ）

答：√。

14. 膜式水冷壁具有气密性好，炉墙的漏风量少，便于安装和不易结渣的优点。（   ）

答：√。

15. 水冷壁内的工质呈雾状流动状态时，自然循环的运动压头最大，蒸发受热面更能安全、可靠地工作。（   ）

答：×。

16. 上升管汽水混合物中含汽量越多，运动压头越小。（   ）

答：×。

17. 自然循环的循环倍率越大，水循环就越安全（但不能过大）。（   ）

答：√。

18. 由于蒸汽携带炉水而使蒸汽含盐的现象称为机械携带。（   ）

答：√。

19. 随着汽包蒸汽空间高度的增加，蒸汽的带水量逐渐减

小。（　　）

答：×。

20. 实际的炉水含盐量应远大于临界炉水含盐量。（　　）

答：×。

21. 降低锅炉含盐量的主要方法有：①提高给水品质；②增加排污量；③分段蒸发。（　　）

答：√。

22. 锅炉的排污率越大，蒸汽的品质越高，电厂的经济性越好。（　　）

答：×。

23. 连续排污的目的是连续地排除炉水中溶解的部分盐分，使炉水含盐量和其他的水质指标保持在规定范围内。（　　）

答：√。

24. 由于炉膛温度高于对流过热器外的烟气温度，水冷壁的工作条件比过热器的差。（　　）

答：×。

25. 对流过热器是依靠对流、辐射换热吸收热量的。（　　）

答：×。

26. 顺流布置的过热器工质入口处的烟气温度低于出口处的烟气温度。（　　）

答：×。

27. 灰的导热系数较大，在对流过热器上发生积灰，将大大影响受热面传热。（　　）

答：×。

28. 过热器逆流布置时，由于传热平均温差大，传热效果好，因而可以增加受热面。（　　）

答：×。

29. 管子外壁加装肋片，使热阻增加，传热量减少。（　　）

答：×。

30. 提高过热蒸汽参数是提高机组经济性的重要途径，所以

过热蒸汽温度的提高是不受限制的。( )

答：×。

31. 炉膛结焦后，锅炉对流过热器的汽温特性是：负荷增加时，蒸汽温度降低。( )

答：×。

32. 锅炉受热面结渣时，受热面内工质吸热减少，以致烟温降低。( )

答：×。

33. 烟气流过对流受热面时的速度越高，受热面磨损越严重，但传热也越弱。( )

答：×。

34. 汽包内外壁温差与壁厚成正比，与导热系数成正比。( )

答：×。

35. 当过热器受热面本身结渣，严重积灰或管内结垢时，将使蒸汽温度降低。( )

答：√。

36. 表面式减温器水、汽不直接接触，对冷却水质要求不高，但调温的惰性较大。( )

答：√。

37. 减温器一般布置在过热器出口端，这样调温灵敏，保证汽温稳定。( )

答：×。

38. 改变喷燃器的运行方式，可改变炉膛火焰中心位置，从而改变炉膛出口烟气温度，达到调节过热器出口汽温的目的。( )

答：√。

39. 省煤器吸收烟气的热量，将水加热成饱和蒸汽。( )

答：×。

40. 对于非沸腾式省煤器，其出口水温低于其出口压力下的

饱和温度。（　　）

答：√。

41. 对于立管式空气预热器，烟气在管外流动，空气在管内流动。（　　）

答：×。

42. 负压锅炉在排烟过剩空气系数不变的情况下，炉膛漏风与烟道漏风对锅炉效率的影响相同。（　　）

答：×。

43. 使一次风速略高于二次风速，有利于空气与煤粉充分混合。（　　）

答：×。

44. 锅炉漏风可以减小送风机电耗。（　　）

答：×。

45. 为防止空气预热器金属温度太低，而引起腐蚀和积灰，在点火初期应将送风机入口暖风器解列，热风再循环挡板关闭，以降低空预器入口风温。（　　）

答：×。

46. 热管是指在一个封闭的体系内，依靠流体的相态变化而传递热量的装置。（　　）

答：√。

47. 省煤器磨损最严重的部位是烟气温度最高的位置。（　　）

答：×。

48. 省煤器内水流速度越大，管内壁腐蚀越轻。（　　）

答：√。

49. 对流受热面的低温腐蚀是由于烟气中的水蒸气在管壁上的凝结造成的。（　　）

答：×。

50. 不同容量的锅炉，安全门的开启压力相同。（　　）

答：×。

51. 锅炉汽包和过热器的安全门排汽能力，应能保证排出相当于锅炉额定蒸发量的蒸汽量，以保证锅炉在完全送不出蒸汽的情况下也不致超压。（　　）

答：√。

52. 安全门上装有直通室外的排汽管，排汽管的总截面积为安全门总截面积的一半。（　　）

答：×。

53. 安全门排汽管上的疏水管装有阀门，在安全门没动作时处于关闭状态。（　　）

答：×。

54. 枪式吹灰器是用于清除尾部受热面上的积灰的。（　　）

答：×。

55. 振动式除灰器的振动力越大，振幅越大，单位时间内清除的积灰越多。（　　）

答：√。

56. 钢珠除灰器是依靠抽吸器造成的很高负压将烟道底部的钢珠吸送到烟道顶部。（　　）

答：√。

57. 吹灰器有缺陷，锅炉燃烧不稳定或有炉烟与炉灰从炉内喷出时，仍可以吹灰。（　　）

答：×。

58. 石棉及其制品的导热性低，容重小，是一种良好的保温材料。（　　）

答：√。

59. 重型炉墙的漏风量一般比轻型炉墙的小。（　　）

答：×。

60. 锅炉的构架是用来支承、悬吊汽包、对流管束、过热器、省煤器等，使受热面可以自由向下膨胀。（　　）

答：√。

61. 固态排渣煤粉炉的灰渣量约占总灰量的 50% 以上。

（　　）

答：×。

62. 二次风的作用：一是补充空气量；二是使煤粉和空气混合均匀，保证燃料燃烧完全。（　　）

答：√。

63. 直流燃烧器常采用四角布置，在炉膛中心形成假想切圆的燃烧方式。（　　）

答：√。

64. 三次风是输送空气供给焦炭后期燃烧所需要的氧气。（　　）

答：×。

65. 锅炉各阶段试运行过程中的操作应按《锅炉运行规程》或已批准的试运行操作规程的规定进行。（　　）

答：√。

66. 锅炉超水压试验一般每五年进行一次。（　　）

答：×。

67. 锅炉漏风试验一般分正压法和负压法。（　　）

答：√。

68. 锅炉进行酸洗时，对材质为奥氏体钢的管箱，不能采用盐酸清洗。（　　）

答：√。

69. 锅炉水压试验的升压速度是 0.4~0.5MPa/min.（　　）

答：×。

70. 超压水压试验时，升至试验压力保持 5min，一切正常后可继续升压。（　　）

答：×。

71. 锅炉水压试验降压时，速度应均匀缓慢，一般降压速度为 0.3~0.5MPa/min。（　　）

答：√。

72. 为检验转动机械安装或检修质量是否符合要求，须经试

运行考核。（　　）

　　答：√。

　　73. 锅炉连锁保护装置因在检修中已经调好，所以在起动前或检修后不需再进行试验。（　　）

　　答：×。

　　74. 当引风机事故停止运行时，联锁装置自动停止送风机、给粉机、排粉机、球磨机、给煤机的运行。（　　）

　　答：√。

　　75. 取样化验炉墙水分，当达到合格标准时，烘炉结束。（　　）

　　答：√。

　　76. 锅炉每次大修后，均需进行烘炉，方可投入运行。（　　）

　　答：×。

　　77. 热风烘炉是从正在运行的锅炉热风道中引来热风送入空气预热器中进行加热烘炉。（　　）

　　答：×。

　　78. 对于新安装的锅炉，在投入运行之前，应先进行煮炉，再进行烘炉。（　　）

　　答：×。

　　79. 水位计内的油类及脏物是在煮炉时清除掉的。（　　）

　　答：×。

　　80. 新安装的锅炉和长时间投入运行的锅炉都需进行化学清洗。（　　）

　　答：√。

　　81. 化学清洗后的锅炉，必须打开汽包人孔和联箱手孔，清除沉积在其内部的残渣。（　　）

　　答：√。

　　82. 蒸汽严密性试验是在热状态下对锅炉的严密性进行的检查。（　　）

答：√。

83. 锅炉大修后的起动方式属于热态起动。（　　）

答：×。

84. 母管制系统的锅炉通常采用额定参数起动的方式。（　　）

答：√。

85. 为缩短起动时间，应提高上水温度，加快上水速度。（　　）

答：×。

86. 锅炉起动时，上水至最高水位，锅炉停炉后，保持最低可见水位。（　　）

答：×。

87. 锅炉点火前需要对炉内进行通风，通风的方法是先起动吸风机，吹扫一次风管，然后起动送风机维持炉膛负压。（　　）

答：×。

88. 锅炉初点火时，采用对称投入油枪，定期倒换或多油枪少油量等方法是使炉膛热负荷比较均匀的有效措施。（　　）

答：√。

89. 在锅炉启动中，发生汽包壁温差超标时应加快升温升压速度，使之减少温差。（　　）

答：×。

90. 锅炉在起动过程中，发生汽包壁温差超标时，应加快升温升压速度，使汽包壁温差减小。（　　）

答：×。

91. 调节锅炉点火升压速度的主要手段是控制好燃料量。（　　）

答：√。

92. 升压过程中，升压速度过快，将影响锅炉和汽机部件的安全。因此，升压速度越慢越好。（　　）

答：×。

93. 锅炉升温升压过程中，多次进行排污、放水，其目的是为了提高蒸汽品质。（　　）

答：×。

94. 升温升压过程中，可以采用停火降压的方法来控制升压时间。（　　）

答：×。

95. 锅炉运行中，可以修理排污一次门。（　　）

答：×。

96. 在锅炉启动中，发生汽包壁温差超标时应加快升温升压速度，使之减少温差。（　　）

答：×。

97. 锅炉严重满水时，汽温迅速下降，蒸汽管道会发生水冲击。（　　）

答：√。

98. 锅炉严重缺水时，则应立即上水，尽快恢复正常水位。（　　）

答：×。

99. 锅炉强化燃烧时，水位先暂时下降，然后又上升。（　　）

答：×。

100. 由于事故原因必须在一定的时间内停止锅炉运行的停炉方式，称为紧急停炉。（　　）

答：×。

101. 停炉前应对事故放水电动门、向空排汽电动门做可靠性试验。（　　）

答：√。

102. 停炉检修时，煤粉仓中可以有一定量的煤粉。（　　）

答：×。

103. 锅炉熄火后，开启省煤器再循环门。（　　）

答：×。

152

104. 锅炉灭火后，停止向炉内供给一切燃料，维持总风量在 25% ~ 30% 以上额定风量，通风 5min，然后重新点火。（　　）

答：√。

105. 锅炉降压冷却过程中，汽包上、下壁温差允许超过 50℃。（　　）

答：×。

106. 在锅炉停用期间，为防止汽水系统内部遭到溶解氧的腐蚀，应采取保养措施。（　　）

答：√。

107. 停炉后 30min，开启过热器疏水门，以冷却过热器。（　　）

答：×。

108. 过热蒸汽压力过高，会使安全门动作，造成大量排汽损失，影响电厂的经济性。（　　）

答：√。

109. 锅炉运行过程中，汽压的频繁波动不会对受热面的正常运行产生影响。（　　）

答：×。

110. 汽压的变化，对汽包的水位没有影响。（　　）

答：×。

111. 锅炉运行工况的变动，导致蒸汽流量的变化，从而使汽压发生变化。（　　）

答：√。

112. 对于中压锅炉，汽温允许波动范围为额定值的 ±10℃。（　　）

答：√。

113. 在其他条件不变的情况下，过热器出口汽温是随着流经过热器的烟气量的增加而减小的。（　　）

答：×。

114. 尾部烟道的漏风量增加，会导致过热器出口汽温升高。（　　）

答：×。

115. 若减温水调整门开度不变，而减温水压力升高，减温水量保持不变。（　　）

答：×。

116. 锅炉负荷增加，汽压升高，汽温降低。（　　）

答：×。

117. 锅炉的除灰、打焦对过热器出口汽温没有影响。（　　）

答：×。

118. 过热汽温可以采用改变喷燃器倾角的方法进行调节。（　　）

答：√。

119. 从喷燃器看火孔观察，若喷燃器出口呈现暗红色，说明喷燃器的来粉量多。（　　）

答：√。

120. 在正常运行状态时，炉膛的负压表指针摆动也是很大的。（　　）

答：×。

121. 锅炉水冷壁结渣，排烟温度升高，锅炉效率降低。（　　）

答：√。

122. 炉膛的负压越小越好。（　　）

答：×。

123. 锅炉严重满水时，应立即放水，尽量恢复正常水位。（　　）

答：×。

124. 锅炉缺水时，应严禁向锅炉进水，立即熄火停炉。（　　）

答：×。

125. 在汽包水位计中不能直接看到水位，但用叫水法仍能使水位出现时，称轻微缺水。（　　）

答：√。

126. 当锅炉发生灭火时，减小给粉量，增加供油量，争取重新点燃。（　　）

答：×。

127. 锅炉尾部烟道出现再燃烧时，应紧急停炉。（　　）

答：√。

128. 由于各种原因，烟道内积存大量可燃物质，会引起烟道再燃烧。（　　）

答：√。

129. 给水流量不正常地大于蒸汽流量，汽包水位降低，说明省煤器损坏。（　　）

答：×。

130. 若锅炉发生轻微满水，应适当减小给水量，必要时，可开启事故放水门。（　　）

答：√。

131. 发现水冷壁泄漏，应立即停炉，并保持一台吸风机运行，以吸出烟气和蒸汽。（　　）

答：×。

132. 220V 仪表电源中断，应将各主要调节执行机构由自动改为手动，远控改为就地控制。（　　）

答：√。

133. 燃料的发热量越高，灰分越少，则熔渣膜越薄。（　　）

答：√。

134. 旋风筒内壁涂有碳化硅炉衬，其目的是为了保护水冷壁。（　　）

答：√。

135. 旋风炉停止运行时，为使喷燃器和渣栏不被烧坏，应继续保持其冷却水畅通。（　　）

答：√。

136. 旋风炉发生前置炉灭火而二次室燃烧旺盛时，停止给粉机，起动燃油泵，准备重新点火。（　　）

答：√。

137. 二次风口结渣，破坏了旋风筒内气流动力场，从而影响燃烧效果。（　　）

答：√。

138. 立式旋风炉对流受热面积灰，使二次室压力升高，排烟温度降低。（　　）

答：×。

139. 煤中的含硫量只影响尾部受热面的低温腐蚀程度，而与过热器的积灰情况无关。（　　）

答：×。

140. 正常运行情况下，旋风炉二次室出口烟温应比灰的软化温度高 50℃。（　　）

答：×。

141. 立式旋风炉对于燃用挥发分较高的煤种，应保持一次风在较低温度下运行，以防止烧坏燃烧器。（　　）

答：√。

142. 提高旋风筒内的燃尽程度，可防止炉内析铁故障的发生。（　　）

答：√。

143. 高温腐蚀是烟气侧金属腐蚀的现象，常发生在省煤器的低温段。（　　）

答：×。

144. 在层燃炉中，可燃物质全部是在燃料层上燃尽的。（　　）

答：×。

145. 与链条炉运动方向垂直的燃料层截面上的燃料处于相同的燃烧阶段。（　　）

答：×。

146. 链条炉为加速点火过程，燃料要预先干燥。（　　）

答：×。

147. 抛煤机链条炉的一次风采用分段送风的方式。（　　）

答：√。

148. 层燃炉燃料的粒径大，燃料层薄；粒径小，燃料层厚。（　　）

答：×。

149. 层燃炉炉排的作用是用来支持燃烧着的燃料层并且通过它对炉内燃烧进行配风。（　　）

答：√。

150. 斜面式引燃拱能比较有效地把热量反射到新燃料层上，保证其较稳定地着火。（　　）

答：√。

151. 链条炉中，一次风速大于二次风速，而一次风量小于二次风量。（　　）

答：×。

152. 炉拱是炉膛下部向炉内凸出的那部分炉墙。（　　）

答：√。

153. 链条炉调节入炉煤量是通过调整燃料层厚度来实现的。（　　）

答：×。

154. 当链条炉钢架、空心梁烧红，炉墙有倒塌危险时，应组织边抢修边运行。（　　）

答：×。

155. 余热锅炉中即装设对流过热器也装设辐射式过热器。（　　）

答：×。

156. 防灰管是余热锅炉的主要蒸发受热面，与汽包和下降管组成了自然循环系统。（　　）

答：√。

157. 余热锅炉容量小、压力低，大多采用非沸腾式省煤器。（　　）

答：√。

158. 余热锅炉从升压到并汽一般控制在 1.5～2h。（　　）

答：√。

159. 余热锅炉窑炉燃烧不稳而引起窑尾温度不正常升高，导致锅炉严重超压时，应紧急停炉。（　　）

答：√。

160. 余热锅炉在运行中要保持过热器的清洁，使过热蒸汽温度保持稳定。（　　）

答：√。

161. 余热锅炉严重结渣，导致对流受热面积灰，甚至堵塞烟道，严重会被迫停产。（　　）

答：√。

162. 余热锅炉一旦发生结渣，应立即停炉处理，以免事故扩大。（　　）

答：×。

163. 循环流化床锅炉正常运行时的一次风量低于临界风量。（　　）

答：×。

164. 临界流速是由固定床转化为鼓泡床的临界风速。（　　）

答：√。

165. 床料呈湍流床时，床料气、固混合非常剧烈，料层无明显的分界面，下部和上部床料浓度相同。（　　）

答：×。

166. 炉内加入石灰石粉后，可除去炉内的二氧化硫，降低

氮氧化合物的含量。（　　）

　　答：√。

　　167. 循环流化床锅炉几乎可以燃用所有固体燃料，包括劣质燃料。例如泥煤、油页岩等。（　　）

　　答：√。

　　168. 实践证明：鼓泡床内竖直埋管比横向布置的埋管的换热条件差。（　　）

　　答：×。

　　169. 循环流化床锅炉的燃烧室采用不等截面积型式，其目的是为了提高下部烟气截面流速，提高燃烧效率。（　　）

　　答：√。

　　170. 小孔径与大孔径风帽相比，流动阻力减小气流的刚性增强。（　　）

　　答：×。

　　171. 正压给煤是指一次风的压力大于大气压力的给煤方式。（　　）

　　答：×。

　　172. 负压给煤均布置有播煤风，以便物料能顺利进入燃烧室，并在炉内均匀分布。（　　）

　　答：×。

　　173. 高温物料旋风分离器的入口介质温度比中温物料旋风分离器的低。（　　）

　　答：×。

　　174. 循环流化床锅炉的一次风压远远低于煤粉炉的一次风压。（　　）

　　答：×。

　　175. 流化炉内床料是由二次风完成的。（　　）

　　答：×。

　　176. 二次风口大多数布置在给煤口和回料口以上的某一高度。（　　）

答：√。

177. 固定床点火是指床料处于静止状态下点火使床料燃烧的方法。（　　）

答：√。

178. 循环流化床锅炉当负荷在稳定运行变化范围内降低时，一次风量不变，二次风量减小。（　　）

答：×。

179. 循环流化床锅炉沸腾床的温度在安全运行允许范围内应尽量保持高些。（　　）

答：√。

180. 循环流化床锅炉装设了物料分离器，使烟气中飞灰浓度减小，受热面基本不存在磨损问题。（　　）

答：×。

181. 循环流化床锅炉炉床结焦时，减小一次风量，使之低于流化风量，炉内平均温度降低，结焦减轻。（　　）

答：×。

三、选择题 ［将正确答案的序号"（×）"写在题内横线上］

1. 燃烧产物中含有＿＿＿＿＿的燃烧是不完全燃烧。

（1）一氧化碳；（2）二氧化碳；（3）水蒸气。

答：（1）。

2. 煤粉的强烈放热过程是在＿＿＿＿＿阶段完成的。

（1）着火前准备；（2）燃烧；（3）燃尽。

答：（2）。

3. 当炉内温度较高，化学反应速度较快，而物理混合速度较小时，燃烧速度的大小决定于炉内气体的扩散情况，这种燃烧情况称＿＿＿＿＿。

（1）动力燃烧；（2）扩散燃烧；（3）中间燃烧。

答：（2）。

4. 为使空气和煤粉充分混合，二次风速应＿＿＿＿＿一次风速。

（1）大于；（2）小于；（3）等于。

答：(1)。

5. 在燃烧低挥发分煤时，为加强着火和燃烧，应适当_____炉内温度。

(1) 提高；(2) 降低；(3) 不改变。

答：(1)。

6. 当炉内空气量不足时，煤燃烧火焰是_____。

(1) 白色；(2) 暗红色；(3) 橙色。

答：(2)。

7. 煤粉在燃烧过程中_____所用的时间最长。

(1) 着火前准备阶段；(2) 燃烧阶段；(3) 燃尽阶段。

答：(3)。

8. 影响煤粉着火的主要因素是_____。

(1) 挥发分；(2) 含碳量；(3) 灰分。

答：(1)。

9. 飞灰和炉渣中可燃物含量越多，_____热损失越大。

(1) 化学不完全；(2) 机械不完全；(3) 排烟。

答：(2)。

10. 降低炉内过量空气系数，排烟热损失。_____。

(1) 增加；(2) 减小；(3) 不变。

答：(2)。

11. 锅炉各项损失中，损失最大的是_____。

(1) 化学未完全燃烧损失；(2) 排烟热损失；(3) 机械未完全燃烧损失。

答：(2)。

12. 随着锅炉容量增大，散热损失相对_____。

(1) 增大；(2) 减少；(3) 不变。

答：(2)。

13. 自然循环系统锅炉水冷壁引出管进入汽包的工质是_____。

(1) 蒸汽；(2) 饱和水；(3) 汽水混合物。

答：（3）。

14. 在水循环稳定流动的情况下，运动压头_____循环回路的流动阻力。

(1) 大于；(2) 小于；(3) 等于。

答：（3）。

15. 循环回路的高度越大，则循环回路的运动压头_____。

(1) 越大；(2) 越小；(3) 不变。

答：（1）。

16. 随着汽包压力的升高，界限循环倍率_____。

(1) 增加；(2) 减小；(3) 不变。

答：（2）。

17. 若流入上升管的循环水量等于蒸发量，循环倍率为1，则产生_____现象。

(1) 循环停滞；(2) 循环倒流；(3) 汽水分层。

答：（1）。

18. 若下降管入口处的压力低于水的饱和压力时，将会发生_____现象。

(1) 循环倒流；(2) 汽水分层；(3) 下降管带汽。

答：（3）。

19. 在正常运行状态下，为保证蒸汽品质符合要求，运行负荷应_____临界负荷。

(1) 大于；(2) 小于；(3) 等于。

答：（2）。

20. 随着蒸汽压力的增加，蒸汽的湿度_____。

(1) 增加；(2) 减小；(3) 不变。

答：（1）。

21. 当炉水的含盐量达到临界含盐量时，蒸汽的湿度将_____。

(1) 减小；(2) 不变；(3) 急剧增加。

答：（3）。

22. 根据盐分在不同压力下溶解程度的不同，将盐分为
_____。

(1) 三类；(2) 四类；(3) 五类。

答：(1)。

23. 随着锅炉压力的逐渐提高，它的循环倍率_____。

(1) 固定不变；(2) 逐渐增大；(3) 逐渐减少。

答：(3)。

24. 自然循环锅炉水冷壁引出管进入汽包的工质是_____。

(1) 饱和蒸汽；(2) 饱和水；(3) 汽水混合物。

答：(3)。

25. 当锅水含盐量达到临界含盐量时，蒸汽的湿度将
_____。

(1) 减少；(2) 不变；(3) 急骤增大。

答：(3)。

26. 锅炉水循环的循环倍率越大，水循环_____。

(1) 越危险；(2) 越可靠；(3) 阻力越大。

答：(2)。

27. 要获得洁净的蒸汽，必须降低锅水的_____。

(1) 排污量；(2) 含盐量；(3) 水位。

答：(2)。

28. 既吸收对流热又吸收辐射热的过热器是_____。

(1) 对流过热器；(2) 辐射式过热器；(3) 半辐射式过热器。

答：(3)。

29. 蒸汽流量不变，过热器管由单管圈变成双管圈，蒸汽流速_____。

(1) 升高；(2) 降低；(3) 不变。

答：(2)。

30. 工质入口端的烟气温度低于出口端的烟气温度的过热器是_____布置的。

(1) 顺流；(2) 逆流；(3) 双逆流。

答：(2)。

31. 锅炉负荷增加，对流过热器出口汽温_____。

(1) 升高；(2) 降低；(3) 不变。

答：(1)。

32. 对流过热器在负荷增加时，其温度_____。

(1) 下降；(2) 不变；(3) 升高。

答：(3)。

33. 采用对流过热器的锅炉减温器置于过热器_____。

(1) 进口；(2) 出口；(3) 两级之间。

答：(3)。

34. 沸腾式省煤器出口工质是_____。

(1) 水；(2) 蒸汽；(3) 汽水混合物。

答：(3)。

35. 省煤器的磨损是由于烟气中_____的冲击和摩擦作用引起的。

(1) 水蒸气；(2) 三氧化硫；(3) 飞灰颗粒。

答：(3)。

36. 省煤器的磨损与管束的排列情况有关，顺列管束比错列管束磨损_____。

(1) 轻；(2) 重；(3) 一样。

答：(1)。

37. 省煤器内壁腐蚀起主要作用的物质是_____。

(1) 水蒸气；(2) 氧气；(3) 一氧化碳。

答：(2)。

38. 最容易发生低温腐蚀的部位是_____。

(1) 低温省煤器冷端；(2) 低温空气预热器热端；(3) 低温空气预热器冷端。

答：(3)。

39. 若壁面温度_____露点温度，会发生低温腐蚀。

（1）低于；（2）高于；（3）等于。

答：（1）。

40.空气预热器是利用锅炉尾部烟气热量来加热锅炉燃烧所用的_____。

（1）给水；（2）空气；（3）燃料。

答：（2）。

41.对于同一台锅炉而言，控制安全门的开启压力_____工作安全门的开启压力。

（1）低于；（2）高于；（3）等于。

答：（1）。

42.安全门总排汽管的总截面积至少为对应的安全门总截面积的_____倍。

（1）1；（2）2；（3）3。

答：（2）。

43.云母水位计表示的水位_____汽包中的真实水位。

（1）略低于；（2）略高于；（3）等于。

答：（1）。

44.锅炉压力提高，云母水位计的水位与汽包真实水位的差值_____。

（1）越小；（2）不变；（3）越大。

答：（3）。

45.用于水冷壁吹灰的吹灰器是_____。

（1）枪式吹灰器；（2）振动式吹灰器；（3）钢珠吹灰器。

答：（1）。

46.振动式吹灰器用于清除_____上的积灰。

（1）水冷壁；（2）炉膛出口及水平烟道的受热面；（3）尾部垂直烟道受热面。

答：（2）。

47.枪式吹灰器的吹灰介质是_____。

（1）水；（2）空气；（3）过热蒸汽。

答：(3)。

48. 吹灰器的最佳投运间隔是在运行了一段时间后，根据灰渣清扫效果、灰渣积聚速度、受热面冲蚀情况、_____以及对锅炉烟温、汽温的影响等因素确定的。

(1) 吹扫压力；(2) 吹扫温度；(3) 吹扫时间。

答：(1)。

49. 吹灰器应定期进行_____，以检查传动机件的声音、电流、填料泄漏、链条行走状况、行程开关动作的可靠性，以及电缆、接线、机件润滑等情况。

(1) 就地手动和电动操作；(2) 定期吹灰；(3) 程序吹灰。

答：(1)。

50. 用于水冷壁吹灰的吹灰器是_____。

(1) 枪式吹灰器；(2) 振动式吹灰器；(3) 钢珠吹灰器。

答：(1)。

51. 吹灰器应定期进行_____，以检查传动机件的声音、电流、填料泄漏、链条行走状况、行程开关动作的可靠性，以及电缆、接线、机件润滑等情况。

(1) 就地手动和电动操作；(2) 定期吹灰；(3) 不定期吹灰。

答：(1)。

52. 为保证吹灰效果，锅炉吹灰的程序是_____。

(1) 由炉膛依次向后进行；(2) 自锅炉尾部向前进行；(3) 吹灰时由运行人员自己决定。

答：(1)。

53. 采用蒸汽吹灰时，蒸汽压力不可过高或过低，一般应保持在_____。

(1) 1.5～2.0MPa；(2) 3.0～4.0MPa；(3) 5.0～6.0MPa。

答：(1)。

54. 受热面定期吹灰的目的是_____。

(1) 减少热阻；(2) 降低受热面的壁温差；(3) 降低工质的

温度。

答：(1)。

55. 吹灰器的最佳投运间隔是在运行了一段时间后，根据灰渣清扫效果、灰渣积聚速度、受热面冲蚀情况、_____以及对锅炉烟温、汽温的影响等因素确定的。

(1) 吹扫压力；(2) 吹扫温度；(3) 吹扫时间。

答：(1)。

56. 耐火粘土砖是_____材料。

(1) 耐火；(2) 保温；(3) 密封。

答：(1)。

57. 硅藻土砖是_____材料。

(1) 耐火；(2) 保温；(3) 密封。

答：(2)。

58. 石棉及其制品是_____材料。

(1) 耐火；(2) 保温；(3) 密封。

答：(2)。

59. 固态排渣煤粉炉为了防止结渣，要求炉膛出口温度_____灰的软化温度 100℃。

(1) 低于；(2) 高于；(3) 等于。

答：(1)。

60. 煤粉炉炉膛内壁布置的受热面是_____。

(1) 过热器；(2) 省煤器；(3) 水冷壁。

答：(3)。

61. 选择合适炉膛容积热强度可确定炉膛_____。

(1) 高度；(2) 截面积；(3) 容积。

答：(3)。

62. 旋流喷燃器喷出气流的扰动性较直流喷燃器的_____。

(1) 好；(2) 差；(3) 不变。

答：(1)。

63. 油喷嘴一般采用_____作为雾化介质。

（1）水；（2）空气或蒸汽；（3）烟气。

答：（2）。

64. 锅炉进行超压水压试验时，云母水位计_____。

（1）也应参加水压试验；（2）不应参加水压试验；（3）是否参加试验无明确规定。

答：（2）。

65. 转速为 1000r/min 的转动机械，其振幅应在_____mm 以下。

（1）0.13；（2）0.14；（3）0.15。

答：（1）。

66. 转速在 750r/min 以下的转动机械，其振幅应在_____以下。

（1）0.15；（2）0.16；（3）0.17。

答：（2）。

67. 烘炉期间，控制过热器后的烟温不应超过_____℃。

（1）50；（2）100；（3）220。

答：（3）。

68. 锅炉煮炉时，炉水不允许进入_____。

（1）汽包；（2）水冷壁；（3）过热器。

答：（3）。

69. 新安装锅炉的转动机械须进行_____，以验证其可靠性。

（1）不小于 4h 的试运行；（2）不小于 8h 的试运行；（3）不小于 30min 的试运行。

答：（2）。

70. 简单机械雾化油嘴由_____部分组成。

（1）二个；（2）三个；（3）四个。

答：（2）。

71. 蒸汽烘炉，是采用蒸汽通入被烘锅炉的_____中，以此来加热炉墙，达到烘炉的目的。

(1) 汽包；(2) 水冷壁；(3) 过热器。

答：(2)。

72. 锅炉校正安全门的顺序是_____。

(1) 先低后高（以动作压力为序）；(2) 先高后低（以动作压力为序）；(3) 先简后难。

答：(2)。

73. 工作压力为 3.8MPa 的锅炉，控制安全阀的动作压力为_____倍的工作压力。

(1) 1.04；(2) 1.05；(3) 1.06。

答：(1)。

74. 锅炉煮炉时，只使用_____水位计，监视水位。

(1) 一台；(2) 所有的；(3) 临时决定。

答：(1)。

75. 某受热面入口烟气的过量空气系数为 1.34；出口烟气的过量空气系数为 1.40，此受热面的漏风系数为_____。

(1) 0.05；(2) 0.04；(3) 0.06。

答：(3)。

76. 在进行工作压力下的水压试验过程中，焊缝如有渗漏或湿润现象，则_____。

(1) 可继续进行；(2) 必须消除缺陷后再重新进行；(3) 向上级请示研究决定是否继续进行。

答：(2)。

77. 煤粉炉的上水温度不应超过_____。

(1) 70℃；(2) 110℃；(3) 100℃。

答：(3)。

78. 煤粉炉上水至_____，停止上水。

(1) 最高水位；(2) 最低可见水位；(3) 正常水位。

答：(2)。

79. 锅炉暖管的温升速度大约控制在_____。

(1) 2~3℃/min；(2) 4~5℃/min；(3) 6~7℃/min。

答：(1)。

80. 锅炉升温升压过程中，对于中低压锅炉，汽包上、下壁温差应控制在_____以下。

(1) 50℃；(2) 60℃；(3) 70℃。

答：(1)。

81. 在锅炉起动过程中，对水位的监视应以_____为准。

(1) 一次水位计； (2) 二次水位计； (3) 任何水位计都可。

答：(1)。

82. 在锅炉排污前，应_____给水流量。

(1) 增加；(2) 减小；(3) 不改变。

答：(1)。

83. 串联排污门操作方法是_____。

(1) 先开二次门后开一次门，关时相反；(2) 根据操作是否方便自己确定；(3) 先开一次门后开二次门，关时相反。

答：(3)。

84. 锅炉在升温升压过程中，为了使锅炉水冷壁各处受热均匀，尽快建立正常水循环，常采用_____。

(1) 向空排汽；(2) 定期排污、放水；(3) 提高升温速度。

答：(2)。

85. _____开启省煤器再循环门。

(1) 点火前；(2) 熄火后；(3) 锅炉停止上水后。

答：(3)。

86. 锅炉正常停炉一般是指_____。

(1) 计划检修停炉； (2) 非计划检修停炉； (3) 因事故停炉。

答：(1)。

87. 母管制锅炉一般采用_____。

(1) 滑参数停炉；(2) 额定参数停炉；(3) 具体确定。

答：(2)。

88. 需进行大修的锅炉停炉时，原煤斗中的煤应_____。

(1) 用尽；(2) 用一半；(3) 装满。

答：(1)。

89. 当锅炉负荷降至_____额定负荷时，为保持燃烧的稳定，应投入点火油枪助燃。

(1) 5%~10%；(2) 10%~20%；(3) 30%~50%。

答：(3)。

90. 锅炉停止供汽 4~6h 内，应_____锅炉各处门、孔和烟道、制粉系统的有关风门、挡板，以免急剧冷却。

(1) 紧闭；(2) 开启；(3) 逐渐打开。

答：(1)。

91. 正常停炉_____h 后启动吸风机通风冷却。

(1) 4~6；(2) 18；(3) 24。

答：(3)。

92. 所有水位计损坏时，应_____。

(1) 继续运行；(2) 紧急停炉；(3) 故障停炉。

答：(2)。

93. 在锅炉点火起动前，应起动吸风机对_____进行吹扫。

(1) 二次风管；(2) 炉膛和烟道；(3) 空气预热器。

答：(2)。

94. 在锅炉升温升压过程中，为了使锅炉水冷壁各处受热均匀，尽快建立正常水循环，常采用_____。

(1) 向空排汽；(2) 提高升压速度；(3) 蒸汽加热装置。

答：(3)。

95. 中压锅炉汽压允许变化范围为_____。

(1) ±0.01MPa；(2) ±0.03MPa；(3) ±0.05MPa。

答：(3)。

96. 停炉时间在_____以内，将煤粉仓内的粉位尽量降低，以防煤粉自燃引起爆炸。

(1) 1天；(2) 3天；(3) 5天。

答：（2）。

97. 当外界负荷变化时，燃烧调整的顺序是_____。

（1）吸风量、送风量、燃料量；（2）燃料量、吸风量、送风量；（3）送风量、燃料量、吸风量。

答：（1）。

98. 水冷壁管内壁结垢，会导致过热器出口汽温_____。

（1）升高；（2）不变；（3）降低。

答：（3）。

99. 饱和蒸汽的带水量增加，过热器出口汽温_____。

（1）升高；（2）不变；（3）降低。

答：（3）。

100. 汽包安全门动作时，过热汽温_____。

（1）升高；（2）不变；（3）降低。

答：（1）。

101. 汽包正常水位允许变化范围是_____。

（1）±40mm；（2）±50mm；（3）±60mm。

答：（2）。

102. 一次水位计的连通管上的汽门泄漏，水位指示值_____。

（1）升高；（2）降低；（3）不变。

答：（1）。

103. 一次水位计连通管上的水门和放水门泄漏，则水位计指示值_____。

（1）升高；（2）降低；（3）不变。

答：（2）。

104. 在正常负荷范围内，炉膛出口过量空气系数过大，会造成_____。

（1）q_3 降低，q_4 增加；（2）q_2、q_4 均降低；（3）q_3 降低，q_4 可能增大，q_2 增加。

答：（3）。

105. 在锅炉运行中，某段受热面的漏风系数为 0.15，锅炉负荷增加后，其漏风系数_____。

（1）增加；（2）减小；（3）不变。

答：（1）。

106. 炉膛负压表的测点装在_____处。

（1）炉膛上部靠近前墙；（2）炉膛上部靠近炉膛出口；（3）省煤器后。

答：（2）。

107. 当锅炉燃烧系统发生异常时，最先反映出来的是_____的变化。

（1）汽压；（2）汽温；（3）炉膛负压。

答：（3）。

108. 加强水冷壁吹灰时，将使过热蒸汽温度_____。

（1）降低；（2）升高；（3）不变。

答：（1）。

109. 锅炉送风量增加，烟气量增多，烟气流速增大，烟气温度升高，过热器吸热量_____。

（1）减小；（2）增大；（3）不变。

答：（2）。

110. 当过量空气系数不变时，锅炉负荷变化，锅炉效率也随之变化。在经济负荷以下，锅炉负荷增加，锅炉效率_____。

（1）不变；（2）降低；（3）提高。

答：（3）。

111. 送风量增大，CO_2 仪的指示值_____，O_2 仪的指示值增高。

（1）增高；（2）不变；（3）降低。

答：（3）。

112. 锅炉发生满水现象时，过热蒸汽温度_____。

（1）升高；（2）不变化；（3）降低。

答：（3）。

113. 给水流量不正常地大于蒸汽流量，过热蒸汽温度下降，说明_____。

(1) 省煤器损坏；(2) 水冷壁损坏；(3) 汽包满水。

答：(3)。

114. 蒸汽流量不正常地小于给水流量，炉膛负压变正压，过热蒸汽压力降低，说明_____。

(1) 水冷壁损坏；(2) 过热器损坏；(3) 省煤器损坏。

答：(2)。

115. 炉膛负压摆动大，瞬时负压到最大，一、二次风风压不正常降低，汽温、汽压下降，说明此时发生_____。

(1) 锅炉满水；(2) 锅炉灭火；(3) 烟道再燃烧。

答：(2)。

116. 锅炉发生烟道再燃烧而紧急停炉时，应_____炉膛、烟道各处的风、烟挡板和孔门，进行灭火。

(1) 打开；(2) 严密关闭；(3) 调节。

答：(2)。

117. 锅炉尾部烟道发生再燃烧，使排烟温度不正常地升高时，应_____。

(1) 紧急停炉；(2) 故障停炉；(3) 申请停炉。

答：(1)。

118. 水冷壁、省煤器泄漏时，应_____。

(1) 紧急停炉；(2) 申请停炉；(3) 维持运行。

答：(2)。

119. 给水流量不正常地大于蒸汽流量，排烟温度降低，烟道有漏泄的响声，说明_____。

(1) 水冷壁损坏；(2) 过热器损坏；(3) 省煤器损坏。

答：(3)。

120. 锅炉烟道有泄漏响声，省煤器后排烟温度降低，两侧烟道、风温偏差大，给水流量不正常地大于蒸汽流量，炉膛负压减少，此故障是_____。

（1）水冷壁损坏；（2）省煤器管损坏；（3）过热器管损坏。

答：（2）。

121. 锅炉给水、锅水或蒸汽品质超出标准，经多方调整无法恢复正常时，应_____。

（1）紧急停炉；（2）申请停炉；（3）继续运行。

答：（2）。

122. 锅炉大小修后的转动机械须进行不少于_____试运行，以验证可靠性。

（1）2h；（2）8h；（3）30min。

答：（3）。

123. 在低负荷，锅炉降出力停止燃烧器时应_____。

（1）先投油枪助燃，再停止燃烧器；（2）先停止燃烧器再投油枪；（3）由运行人员自行决定。

答：（1）。

124. 炉管爆破，经加强给水仍不能维持汽包水位时，应_____。

（1）紧急停炉；（2）申请停炉；（3）加强给水。

答：（1）。

125. 立式旋风炉灰渣冷却室内的水，在停炉_____后方可放掉，以免旋风筒内漏进冷风使锅炉急剧冷却。

（1）6h；（2）12h；（3）24h。

答：（3）。

126. 旋风炉上部不着火而下部着火时，应_____。

（1）紧急停炉；（2）增加投油量；（3）维持运行。

答：（2）。

127. 燃用挥发分较低的煤种，二次风过早地投入，液态排渣炉容易出现_____。

（1）锅炉灭火；（2）锅炉满水；（3）二次风口结渣。

答：（3）。

128. 当粒化水箱堆焦需组织人力打焦时，锅炉_____。

（1）维持运行；（2）停炉；（3）投油、停粉减负荷。

答：（3）。

129. 当捕渣管挂渣时，可加大负荷化焦；若确定无效，煤粉有堵死一次风管的可能时应_____。

（1）停炉；（2）减负荷运行；（3）维持运行。

答：（1）。

130. 液态排渣旋风炉的飞灰粒度小于_____ μm 时，飞灰中可燃物较低，锅炉对流受热面积灰较严重。

（1）80；（2）90；（3）100。

答：（2）。

131. 为保证_____正常运行，应在煤中加入一定量的添加剂。

（1）煤粉炉；（2）液态排渣旋风炉；（3）层燃炉。

答：（2）。

132. 减小过热器积灰的方法之一是_____。

（1）降负荷运行；（2）清除过热器上的积灰；（3）加强燃烧。

答：（2）。

133. 磨煤机械的铁质磨屑随煤粉一起进入炉内容易发生_____。

（1）高温腐蚀；（2）炉内析铁；（3）低温腐蚀。

答：（2）。

134. 烟气侧高温腐蚀的受热面是_____。

（1）过热器；（2）省煤器；（3）空气预热器。

答：（1）。

135. 对于层燃炉，烟气刚离开燃料层时，二氧化碳的含量_____一氧化碳的含量。

（1）大于；（2）小于；（3）等于。

答：（2）。

136. 链条炉适合于燃用_____燃料。

（1）强焦结性；（2）弱焦结性；（3）非强焦结性和焦碳呈粉末状。

答：（3）。

137. 进入链条炉排上的煤层厚度是由＿＿＿＿＿＿＿控制。

（1）煤闸门；（2）链条转速；（3）挂渣装置。

答：（1）。

138. 层燃炉的二次风是从火床＿＿＿＿＿＿＿送入的。

（1）上部；（2）底部；（3）顶部。

答：（1）。

139. 链条炉的锅炉负荷越高，火床长度可＿＿＿＿＿＿＿。

（1）长些；（2）短些；（3）不改变。

答：（1）。

140. 链条炉二次风通常是在锅炉负荷达到＿＿＿＿＿＿＿以上时投入。

（1）30%；（2）60%；（3）50%。

答：（2）。

141. 链条炉一般多采用薄煤层，＿＿＿＿＿＿＿风压，较快的炉排转动速度的方法。

（1）低；（2）高；（3）无固定。

答：（1）。

142. 通过抛煤机的转速调节，可调节火床炉上的＿＿＿＿＿＿＿。

（1）燃料分布；（2）一次风分布；（3）二次风分布。

答：（1）。

143. 若链条炉炉墙或吊碹损坏面积不大时，应＿＿＿＿＿＿＿。

（1）紧急停炉；（2）维持原负荷运行；（3）降负荷运行。

答：（3）。

144. 水泥窑尾废烟气中粉尘浓度可高达＿＿＿＿＿＿＿ g/Nm³。

（1）50；（2）110；（3）150。

答：（2）。

145. 余热锅炉防灰管中流动的工质是_____。

(1) 水；(2) 水蒸气；(3) 汽水混合物。

答：(3)。

146. 余热锅炉炉膛负压较普通锅炉炉膛负压_____。

(1) 低；(2) 高；(3) 一样。

答：(2)。

147. 余热锅炉的链板除灰机在点火_____起动。

(1) 前；(2) 后；(3) 过程中。

答：(1)。

148. 余热锅炉炉管爆破不能维持正常水位时，应_____

(1) 申请停炉；(2) 研究后确定；(3) 紧急停炉。

答：(3)。

149. 防灰管集箱的排污时间一般比对流管束的排污时间_____

(1) 长；(2) 短；(3) 一样。

答：(2)。

150. 余热锅炉的漏风量增加，辐射冷却室出口的排烟温度_____

(1) 升高；(2) 降低；(3) 不变。

答：(2)。

151. 若进入余热锅炉的烟气量增加，而热负荷不变，排烟温度_____。

(1) 升高；(2) 降低；(3) 不变。

答：(1)。

152. 流化速度越大，物料的空隙率_____。

(1) 越大；(2) 越小；(3) 不变。

答：(1)。

153. 床料中颗粒密度增大，临界流量_____。

(1) 增大；(2) 减小；(3) 不变。

答：(1)。

154. 流动床、鼓泡床、湍流床的流化速度依次＿＿＿＿＿＿。

(1) 增加；(2) 减小；(3) 不变。

答：(1)。

155. 图 3－1 中表示的现象属于＿＿＿＿＿。

(1) 贯穿沟流；(2) 局部沟流；(3) 节涌。

答：(1)。

156. 图 3－2 中表示的现象属于＿＿＿＿＿。

(1) 贯穿沟流；(2) 局部沟流；(3) 节涌。

答：(3)。

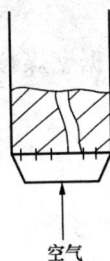

图 3－1　题 155 图

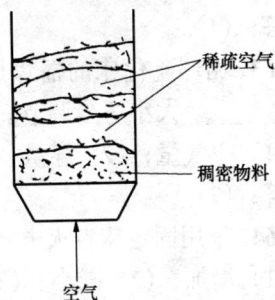

图 3－2　题 156 图

157. 在煤粒的整个燃烧过程中，＿＿＿＿＿燃烧所占的时间较长。

(1) 氢；(2) 挥发分；(3) 焦炭。

答：(3)。

158. 在其他条件相同的情况下，燃料的颗粒尺寸＿＿＿＿＿，埋管单位面积上的传热量增加。

(1) 增加；(2) 减小；(3) 不变。

答：(2)。

159. 对于某一种床料，当其流化速度小于 3m/s 时，空隙率在 0.45 左右。这时的流化状态称＿＿＿＿＿。

(1) 鼓泡床；(2) 湍流床；(3) 快速床。

答：(1)。

160. 对于百叶窗分离器，物料粒径越大，则分离效率_____。

(1) 越高；(2) 越低；(3) 不变。

答：(1)。

161. 回料立管中流动的介质是_____。

(1) 空气；(2) 物料；(3) 气体与物料混合物。

答：(3)。

162. 循环流化床的一次风通常是_____。

(1) 空气；(2) 烟气；(3) 气粉混合物。

答：(1)。

163. 循环流化床的播煤风在运行中应根据燃煤粒径、水分及_____大小适当调节。

(1) 空气量；(2) 煤量；(3) 回料量。

答：(2)。

164. 采用固定床点火方式时，送风量要缓慢_____。

(1) 增加；(2) 减小；(3) 不变。

答：(1)。

165. 采用烟气发生器进行点火的方式是_____。

(1) 床上点火；(2) 床下点火；(3) 固定床点火。

答：(2)。

166. 对于循环流化床锅炉，温态起动的燃烧室温度_____热态起动的燃烧室温度。

(1) 小于；(2) 高于；(3) 等于。

答：(1)。

167. 循环流化床的床温超过其允许温度会使脱硫效果_____。

(1) 更好；(2) 没影响；(3) 下降。

答：(3)。

168. 循环流化床锅炉磨损较严重的受热面是_____。

（1）水冷壁；（2）埋管；（3）过热器。

答：（2）。

四、计算题

1. 已知煤的分析数据如下：

$C_{ar} = 58.83\%$；$H_{ar} = 4.08\%$；$O_{ar} = 7.63\%$；$N_{ar} = 0.73\%$；$S_{ar} = 0.63\%$；$A_{ar} = 19.10\%$；$W_{ar} = 8.98\%$；$V_{daf} = 34.50\%$；$Q_{ar \cdot net} = 22785kJ/kg$。求此种煤完全燃烧时的理论空气量。

解 $V = 0.0889C_{ar} + 0.0333S_{ar} + 0.265H_{ar} - 0.0333O_{ar}$

将已知数据代入上式，得

$V = 0.0889 \times 58.83 + 0.0333 \times 0.63 + 0.265$
$\times 4.08 - 0.0333 \times 7.63 = 6.078(Nm^3/kg)$

答：此种煤完全燃烧时的理论空气量是 $6.078Nm^3/kg$。

2. 某电厂锅炉在额定负荷下各项热损失之和 $\Sigma q = 12.5\%$，求此锅炉的锅炉效率。

解 采用反平衡法进行计算。

锅炉效率 $\eta_{gl} = 100 - (q_2 + q_3 + q_4 + q_5 + q_6)$
$= 100 - \Sigma q$
$= 100 - 12.5$
$= 87.5(\%)$

答：该锅炉的锅炉效率为 87.5%。

3. 某锅炉的蒸发量为 $400t/h$，当排污率为 2% 时，求此锅炉的排污量。

解 根据 $p = \dfrac{D_{PW}}{D}$ 得

$D_{PW} = Dp = 400 \times 0.02 = 8(t/h)$

答：此炉的排污量为 $8t/h$。

4. 某台锅炉燃用褐煤，其燃料特性系数 $\beta = 0.115$，测得某级省煤器出、入口烟气侧二氧化碳的含量分别为 $RO_2'' = 3.48\%$；$RO_2' = 3.56\%$，求此级省煤器的漏风系数。

解 根据 $RO_2^{max} = \dfrac{21}{1+\beta}$，得

$$RO_2^{max} = \frac{21}{1+0.115} = 18.83(\%)$$

省煤器出口处的过量空气系数 α''：

$$\alpha'' = \frac{RO_2^{max}}{RO_2'} = \frac{18.83}{3.48} = 5.41$$

省煤器入口处的过量空气系数 α'：

$$\alpha' = \frac{RO_2^{max}}{RO_2'} = \frac{18.83}{3.56} = 5.29$$

漏风系数 $\Delta\alpha = \alpha'' - \alpha' = 5.41 - 5.29 = 0.12$

答：此级省煤器的漏风系数为 0.12。

5. 已测得某燃煤锅炉运行中某受热面出、入口烟气侧的氧量值分别为 $O_2'' = 6\%$，$O_2' = 5.33\%$，求此受热面的漏风系数。

解 根据 $\alpha = \dfrac{21}{21 - O_2}$，得

此受热面出口侧的过量空气系数 α'' 为

$$\alpha'' = \frac{21}{21 - O_2''} = \frac{21}{21 - 6} = 1.40$$

此受热面入口处的过量空气系数 α' 为

$$\alpha' = \frac{21}{21 - O_2'} = \frac{21}{21 - 5.33} = 1.34$$

漏风系数 $\Delta\alpha = \alpha'' - \alpha' = 1.40 - 1.34 = 0.06$

答：此受热面的漏风系数为 0.06。

6. 某热电厂一昼夜共发电 1.2×10^6 kWh，此功应由多少热量转换而来？（不考虑其他能量损失）

解 因为 1kWh = 860kcal = 860×4.1868kJ = 3.6×10^3（kJ）

所以 $Q = 3.6 \times 10^3 \times 1.2 \times 10^6 = 4.32 \times 10^9$（kJ）

答：此功应由 4.32×10^9kJ 的热量转换来。

7. 某锅炉热效率试验测定，飞灰可燃物 $C_{fh} = 6.5\%$，炉渣含碳量 $C_{lz} = 2.5\%$，燃煤的低位发热量 $Q_{ar·net} = 20908$kJ/kg，灰分

$A_{ar} = 26\%$，燃煤量 $B = 56\text{t/h}$，飞灰占燃料总灰分的分额 $a_{fh} = 95\%$，炉渣占燃料总灰分的分额 $a_{lz} = 5\%$。试求：（1）锅炉机械未燃烧损失；（2）由于 q_4 损失，每小时损失多少原煤？

解
$$q_4 = (32866A_{ar}/Q_{ar \cdot net})[a_{fh} \cdot C_{fh}/(100 - C_{fh})$$
$$+ a_{lz} \cdot C_{lz}/(100 - C_{lz})] \quad (\%)$$
$$= 32866 \times 26\%/20908[0.95 \times 6.5/(100 - 6.5)$$
$$+ 0.05 \times 2.5/(100 - 2.5)](\%)$$
$$= 2.75(\%)$$
$$B_4 = B \cdot q_4 = 56 \times 2.75\% = 1.54(\text{t/h})$$

答：（1）锅炉机械不完全燃烧热损失 q_4 为 2.75%。

（2）由于 q_4 损失每小时的损失原煤 1.54t。

8. 某锅炉蒸发量为 130t/h，给水温度为 172℃，给水压力为 4.41MPa（给水焓 $t_{gs} = 728\text{kJ/kg}$），过热蒸汽压力为 3.92MPa，过热蒸汽温度为 450℃（过热蒸汽的焓 $h_0 = 3332\text{kJ/kg}$），锅炉的燃煤量为 16346kg/h，燃煤的低位发热量 $Q_{ar \cdot net}$ 为 22676kJ/kg，试求锅炉效率。

解 锅炉输入热量为
$$Q_R = B \cdot Q_{ar \cdot net} = 16346 \times 22676 = 3.707 \times 10^8 (\text{kJ/h})$$
$$Q_0 = D(h_0 - t_{gs}) = 130 \times 10^3 \times (3332 - 728)$$
$$= 3.385 \times 10^8 (\text{kJ/h})$$
$$\eta_{gl} = Q_0/Q_r = 3.385 \times 10^8/3.707 \times 10^8$$
$$= 3.385/3.707 = 0.8979 = 89.79\%$$

答：此台锅炉效率是 89.79%。

9. 某锅炉蒸汽流量 670t/h，锅炉效率 $\eta_{gl} = 92.25\%$，燃煤量 $B = 98\text{t/h}$，燃煤的低位发热量 $Q_{ar \cdot net} = 20930\text{kJ/kg}$，制粉系统单耗 $\eta_{zf} = 27\text{kWh/t}$（煤），引风机单耗 $\eta_x = 2.4\text{kWh/t}$（汽），送风机单耗 $\eta_f = 3.5\text{kWh/t}$（汽），给水泵单耗 $\eta_g = 8\text{kWh/t}$（汽），发电机标准煤耗 $b = 350\text{g/}$（kWh），求该锅炉的净效率。

解
$$\Sigma P = D(\eta_x + \eta_f + \eta_g) + B\eta_{zf}$$

$$= 670(2.4 + 3.5 + 8) + 98 \times 27$$
$$= 11959(kW)$$

锅炉的净效率为

$$\eta_{jx} = \eta_{gl} - 3600\Sigma P \cdot b/(B \cdot Q_{ar \cdot net}) \times 100(\%)$$
$$= 92.25 - (3600 \times 11959 \times 0.35)/(98 \times 10^3 \times 20930) \times 100(\%)$$
$$= 92.25 - 0.0073 \times 100(\%)$$
$$= 92.25 - 0.73(\%)$$
$$= 91.52(\%)$$

答：该锅炉的净效率为 91.52%。

10. 某热电厂供电煤耗率 $b = 373g/kWh$，厂用电率为 $\triangle n = 7.6\%$，汽轮发电机热耗 $q = 9211kJ/kWh$，不计管道阻力损失，试计算热电厂总热效率、发电煤耗及锅炉效率。

解 全厂总效率为

$$\eta = (3600/29.271b) \times 100\% = (3600/29.271 \times 373) \times 100\%$$
$$= 32.97\%$$

发电煤耗率为

$$b_f = b(1 - \triangle n) = 373(1 - 0.076) = 344.7(g/kWh)$$

锅炉效率为

$$\eta_{gl} = q/(29.271 \times b_f) \times 100\% = 9211/(29.271 \times 344.7) \times 100\%$$
$$= 91.3\%$$

答：发电厂总热效率 32.97%，发电煤耗为 344.7g/kWh，锅炉效率为 91.3%。

11. 某锅炉连续排污率 $P = 1\%$，当锅炉出力为 610t/h 时排污量 D_{pw} 为多少?

解 $D_{pw} = PD = 1\% \times 610 = 6.1$ (t/h)

答：锅炉出力为 610t/h 时的排污量为 6.1t/h。

五、问答题

1. 何谓理论空气量?

答：理论空气量是指单位数量的燃料〔固体及液体燃料用公

斤（kg）计，气体燃料用标准立方米（Nm³）计］完全燃烧时所需的空气量。

2. 何谓过量空气系数？

答：过量空气系数是指实际空气量与理论空气量的比值，用 α 表示，即

$$\alpha = \frac{V^K}{V^0}$$

式中　α——过量空气系数；

　　　　V^K——实际空气量；

　　　　V^0——理论空气量。

3. 影响煤粉气流着火与燃烧的因素有哪些？

答：（1）挥发分与灰分。

（2）煤粉细度。

（3）炉膛温度。

（4）空气量。

（5）一次风与二次风的配合。

（6）燃烧时间。

4. 煤粉迅速而完全燃烧的条件是什么？

答：相当高的炉内温度，合适的空气量，煤粉与空气的良好混合，充足的燃烧时间。

5. 影响机械不完全燃烧热损失的因素有哪些？

答：燃烧方式、炉膛结构、锅炉负荷，以及运行工况、操作水平等。

6. 何谓排烟热损失？

答：排烟热损失是由于排入大气的烟气温度高于大气温度而损失的能量。

7. 影响排烟热损失的主要因素有哪些？

答：影响排烟热损失的主要因素是排烟容积和排烟温度。

8. 锅炉有哪些热损失？

答：排烟热损失，机械不完全燃烧热损失，化学不完全燃烧

热损失，散热损失，灰渣物理热损失。

9. 与锅炉效率有关的锅炉经济小指标是什么？

答：排烟温度，氧量值（二氧化碳值），一氧化碳值，飞灰可燃物，炉渣可燃物等。

10. 汽包的作用是什么？

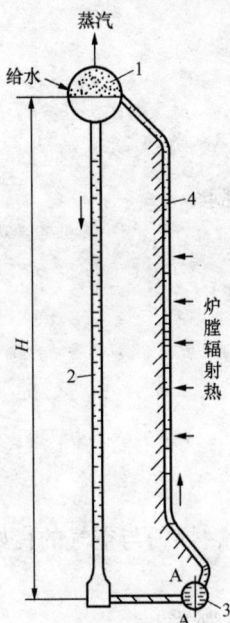

图3-3 自然循环原理图

1—汽包；2—下降管；
3—下联箱；4—上升管

答：（1）汽包是锅炉蒸发设备中的主要部件，汽包具有一定的水容积，与下降管、水冷壁相连接，组成自然水循环系统，同时，汽包又接受来自省煤器的给水，向过热器输送饱和蒸汽。汽包是加热、蒸发、过热三个过程的分界点。

（2）汽包中存有一定的水量，因而有一定的储热能力，在工况变化时，可以减缓汽压变化的速度，对运行调节有利，从而可以提高锅炉运行的安全性。

（3）汽包中装有各种蒸汽净化装置，以保证蒸汽的品质；装有各种表计，以监视汽包的运行。

11. 简述锅炉自然循环的形成。

答：利用工质的密度差所形成的水循环，称为自然循环。图3-3是自然循环原理图。在冷态时，管中的工质（水）是不流动的。在锅炉运行时，上升管接受炉膛的辐射热，产生蒸汽，管中的工质是汽水混合物。而下降管布置在炉外不受热，管中全是水。由于汽水混合物的平均密度小于水的密度，这个密度差促使上升管中的汽水混合物向上流动，进入汽包，下降管中的水向下流动进入下联箱，补充上升管内向上流出的水量。只要上升管不断受热，这个流动过程就会不断地进行下去。这样，就形成了水和汽水混合物在蒸发设备循环回路中的连续流动。

12. 何谓循环倍率和循环流速?

答: 循环倍率是指进入上升管的循环水量 G 与上升管的蒸发量 D 之比,用符号 K 表示,即

$$K = \frac{G}{D}$$

通常规定进入上升管入口处的水流速度,即为循环流速。

13. 画图分析锅炉负荷对蒸汽湿度的影响。

答: 蒸汽湿度随着锅炉负荷的增加而增加,如图 3-4 所示。在 A 点之前,蒸汽湿度随负荷增加而变化的幅度较小;在 A 点以后、B 点之前,蒸汽湿度的增加很快;到 B 点以后,蒸汽湿度急剧增加。这是蒸汽的流动速度和汽水混合物的循环速度随着锅炉负荷的增加而增加较快的缘故。

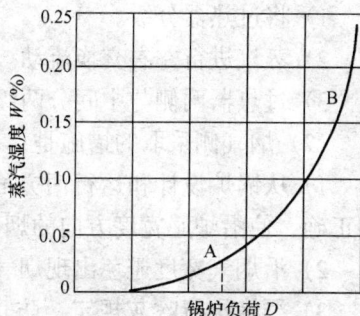

图 3-4 蒸汽湿度与锅炉
负荷的关系

14. 简述内置式旋风分离器的工作原理。

答: 汽水混合物由连接罩切向进入旋风分离器,在其内部产生旋转作用。依靠离心力的作用,将大部分水滴抛向筒壁,并沿筒壁向下流动,经过旋风分离器底部的导向叶片流入汽包的水容积中;蒸汽则沿筒体旋转流动,经过旋风分离器顶部的立式波形板分离器径向流出,进入汽包的蒸汽空间。

15. 影响穿层清洗装置清洗效果的因素有哪些?

答: (1) 清洗水的品质。

(2) 清洗水层厚度。

16. 分析对流过热器的汽温特性?

答: 对流过热器的汽温特性是随着锅炉负荷的增加,过热器出口汽温升高。反之,随着锅炉负荷的减小,过热器出口汽温降

低。分析如下：当锅炉负荷增加时，燃料量增加，烟气量增多，使流经过热器的烟速增加，烟气侧的对流放热系数增加，过热器的传热量增加。虽然过热器内的蒸汽流量也是增加的，但对每公斤蒸汽来讲蒸汽的吸热量增多了，故过热器出口汽温升高。

17. 如何减轻过热器的热偏差？

答：（1）蒸汽侧采用的方法是：

1）将过热器分级。

2）蒸汽进行左右交换流动。

3）过热器两侧与中间分两级并进行交换。

（2）烟气侧采取的措施是：

1）从锅炉设计和运行两方面要尽量保证燃烧稳定，火焰中心正确，使沿炉膛宽度方向的烟气流速和温度分布均匀。

2）沿烟气宽度避免出现烟气走廊。

3）严格执行吹灰规定，防止受热面结渣。若结渣，应及时清除。

18. 调节过热汽温的方法有哪些？

答：（1）蒸汽侧调节汽温的方法是采用减温器。常用的减温器有表面式减温器和喷水减温器。

（2）烟气侧调节汽温的方法是：

1）改变喷燃器的运行方式。

2）改变喷燃器的倾角。

19. 何谓沸腾式省煤器和非沸腾式省煤器？

答：沸腾式省煤器是指省煤器出口水温达到其出口压力下的饱和温度，并且有部分水变成了蒸汽。

非沸腾式省煤器是指省煤器出口水温低于其出口压力下的饱和温度。

20. 试述减轻尾部受热面低温腐蚀的方法。

答：（1）燃料脱硫。

（2）采用热风再循环。

（3）空气预热器低温段使用抗腐蚀材料，如玻璃管、铸铁管

等。

21. 试述余热锅炉防灰管的工作原理。

答： 防灰管一般装置在余热锅炉的最前端，是余热锅炉的主要蒸发受热面。由于余热锅炉烟气中的粉尘含量较高，当温度达到900℃左右时，很容易贴附在炉管表面，影响炉管的传热。采用防灰管可清除一部分灰尘。其工作原理如下。

当水从汽包中顺下降管进入防灰管后，低温的水与管外含有大量灰尘的烟气进行热交换：烟气和飞灰放出热量，温度降低；高温灰急剧冷却，落入烟道；管内的水吸收热量，蒸发形成汽水混合物，由上升管进入汽包。烟气流经防灰管后，飞灰浓度减小。

22. 简述重锤式安全门的工作原理。

答： 重锤通过杠杆作用，将力作用在阀杆上，使阀芯紧压在阀体上部的阀座上。蒸汽自阀体的通道进入，作用在阀芯下部的表面上。当阀芯受到的重锤作用力大于蒸汽向上的推力时，阀门保持关闭状态；当汽压升高到安全门的开启压力值时，蒸汽作用在阀芯上的推力大于重锤作用在阀芯上的力，阀芯被顶起，阀门开启，排出蒸汽，汽压降低。当汽压降低至不足以顶起阀芯的数值时，由于重锤的作用力使阀门自动关闭。

23. 简述钢珠除灰器的工作原理。

答： 在垂直烟道的顶部将直径为5～6mm的钢珠撒入垂直烟道时，钢珠似雨点般自高处落下，将管子上的积灰击落。钢珠落至烟道底部后，利用炉顶装有的抽吸器产生的负压将钢珠从烟道底部沿管道抽吸到炉顶，进入钢珠收集器，在其中钢珠与输送钢珠的空气分离，空气被抽吸器抽出，钢珠又下落。

24. 对炉墙有何要求？

答： 炉墙应有良好的耐热性、隔热性、严密性、抗腐蚀性和防震性能，同时应有足够的机械强度和承受较大温度变化的能力。另外，还要求质量轻、结构简单、易于施工和造价低。

25. 电站锅炉内部检验项目有哪些？

答：汽包、水冷壁及水冷壁上下联箱，省煤器及省煤器进出口联箱，过热器、再热器及出口联箱，炉顶集汽联箱，减温器，锅炉范围内管道、管件，阀门及附件，炉墙保温及承重部件等。

26. 何谓炉膛截面热强度和容积热强度？

答：炉膛截面热强度是指每小时每平方米炉膛截面所放出的热量，即

$$q_F = \frac{B_j Q_{ar \cdot net}}{F_1}$$

炉膛容积热强度是指每小时每立方米炉膛容积所放出的热量，即

$$q_V = \frac{B_j Q_{ar \cdot net}}{V_1}$$

上两式中　　q_V——炉膛容积热强度；

　　　　　B_j——计算燃料消耗量；

　　$Q_{ar \cdot net}$——燃料应用基低位发热量；

　　　　　V_1——炉膛容积；

　　　　　q_F——炉膛断面热强度；

　　　　　F_1——炉膛横断面积。

27. 点火装置有何作用？

答：（1）锅炉起动时，引燃煤粉气流使其着火。

（2）在运行时，当负荷过低或煤种变化引起燃烧不稳定时，利用点火装置维持燃烧的稳定。

28. 试述压缩空气雾化的油喷嘴工作原理。

答：压缩空气通过切向小孔进入喷头时高速旋转，然后从喷头前端的小孔喷出。预热过的燃油借高位油箱的压力输送到中心管前端的喷口，在压缩空气旋转气流的作用下以雾状喷出。

29. 锅炉水压试验合格的标准是什么？

答：（1）在试验压力下保持 5min，压降不超过 0.5MPa。

（2）没有漏水。胀口地点发现水痕以及附件不严密处有轻微的渗水但均不影响试验压力的保持时，可不算为漏水。至于焊

缝，则不应有任何渗水、漏水或湿润现象。

（3）水压试验后无残余变形。

30．水压试验中应注意什么？

答：（1）在水压试验升压过程中，应停止锅炉内外一切检修工作。

（2）在水压试验进水时，管理空气阀和给水阀的人员不可擅自离开。

（3）水压试验中发现承压部件外壁有渗漏现象时，在压力继续上升过程中，检查人员应远离渗漏地点。在停止压力上升进行检查前，应先了解渗漏情况，确认没有发展时，再进行细致检查。

（4）锅炉进行 1.25 倍工作压力的超压水压试验时，在保持试验压力的时间内不许进行任何检查，应待压力降到工作压力后，方可进行检查。

（5）在炉膛内进行检查时，照明应充足，必须使用 12V 的安全灯或手电筒。

（6）水压试验后的泄压或放水，均应征得运行班长的同意，确认放水总管处无人工作后方可进行。放水完毕后，须通知运行班长。

（7）水压试验工作应在周围气温高于 5℃时进行，必要时应采取防冻措施。

31．如何进行正压法漏风试验？

答：正压试验是燃烧室和烟道内保持正压来检查其是否漏风。具体做法是：将引风机入口挡板和各炉门全部关闭，在送风机入口处放置燃着的烟幕弹，随后起动送风机，则烟幕被送入燃烧室和烟道中，燃烧室保持 30 ~ 50Pa 正压，如有缝隙和不严密，则烟幕就会从此逸出，并留下痕迹。试验后，可按漏风处留下的痕迹进行堵塞。

32．锅炉转动机械试运行合格的标准是什么？

答：（1）轴承的转动部分无异音、摩擦和撞击。

（2）轴承工作温度正常，滑动轴承不高于 70℃，滚动轴承不高于 80℃，润滑油温不许超过 60℃。

（3）轴承振幅不允许超过规定值。

（4）无漏油、漏水、甩油的现象。

（5）串轴不应大于 2～4mm。

（6）采用强制油循环润滑时，其油压、油量、油位、油温符合要求。

33. 烘炉过程中应注意哪些问题？

答：（1）烘炉时，必须按事先制定的烘炉升温曲线进行。烘炉升温曲线是根据烘炉时间的长短和炉墙湿分的多少来确定升温速度的。

（2）烘炉时，炉膛温度应缓慢升高，不应急骤变化，火焰分布应均匀。

（3）烘炉时，锅炉水位应保持正常，对汽包及各联箱的膨胀应监视和记录。

（4）重型炉墙烘炉时，应在锅炉上部耐火砖与红砖的间隙处开设临时湿气排出孔。

（5）烘炉时，应随时检查炉墙情况，如发现有裂纹或凹凸等缺陷时，应采取补救措施。

（6）在冬季烘炉时，必须采取防冻措施。

（7）采用燃料烘炉时，应做烟气温度记录。

34. 简述化学清洗的五个程序。

答：（1）水冲洗。在使用化学药品清洗之前，先用清水对受热面内部进行冲洗。对新安装的锅炉，水冲洗可清除安装后脱落的焊渣、铁锈、氧化皮等；对已长期运行的锅炉，水冲洗可除去运行中产生的一些可冲掉的沉淀物。另外，水冲洗还能检查清洗系统有无漏泄的地方。

（2）碱洗或碱煮。碱洗就是通过泵使碱溶液对受热面内部进行清洗。碱煮是在汽包内加碱溶液后，锅炉点火，通过水循环对受热面进行烧煮。究竟采用哪种方法，需根据锅炉的具体情况而定。

(3) 酸洗。对酸洗系统，先进行水循环，保持酸洗箱水位最低；开启热源，将水加热到 40℃ 左右；向系统内加入浓度为 0.2%~0.3% 的抑制剂，待均匀后再加酸溶液，使其浓度和温度符合要求，按酸洗方案调整酸液流量，对各酸洗系统轮流酸洗。或者是采用将清洗用的所有药品都加到清洗液箱中，配制成一定浓度的溶液，并加热至所需温度，然后用耐酸泵将它灌注到清洗系统中进行循环酸洗。

(4) 水冲洗及漂洗。酸洗结束后，采用顶酸法连续进行水冲洗，不能用放空法直接将酸液放掉，因为空气进入后会发生严重腐蚀，而应用水将酸全部置换，冲洗到排出水的 pH 值为 5 左右。

然后用柠檬酸进行漂洗，即钝化前的防锈预处理。这是利用柠檬酸有将铁离子络合的能力，除去酸液和水冲洗后残留在清洗系统内的铁离子及水冲洗后在金属表面可能产生的铁锈。

(5) 钝化。经酸洗、水冲洗及漂洗后的金属表面，遇到空气时极容易受到腐蚀。因此，必须立即进行防腐处理，即钝化，利用某些药剂使金属表面生成一种防止腐蚀的保护膜。钝化有亚硝酸钠钝化法、联氨钝化法和磷酸盐钝化法三种方法。

35. 试述锅炉的蒸汽严密性试验应检查的项目。

答：(1) 检查锅炉的胀口、人孔、手孔和法兰等的严密性。

(2) 检查汽包、联箱、各受热部件和锅炉范围内汽水管路的膨胀情况，及其支座、吊杆、吊架和弹簧的受力、移位和伸缩情况是否正常，有无妨碍膨胀之处。

(3) 检查炉墙外部有无裂纹。

(4) 检查锅炉附件及全部汽水阀门的严密程度。

36. 试述煮炉的注意事项。

答：(1) 在煮炉过程中，各处的排污门应全关，排污门全开时间不得超过 0.5~1.0min，以防止水循环被破坏。

(2) 煮炉时，一般只用一台汽包水位计，其余备用。

(3) 煮炉时，炉水不许进入过热器。

（4）煮炉结束后的换水，应带压力进行，并冲洗药液接触的疏水阀、放水阀。

（5）煮炉后的恢复工作应尽量紧凑。

（6）恢复工作结束后，应进行一次工作压力下的水压试验。

37. 锅炉为何要进行化学清洗？

答： 对新安装的锅炉，投产前要进行化学清洗，而长时间运行后的锅炉，也需要进行化学清洗。

新安装的锅炉承压部件内部会有氧化皮和留有焊渣，而已长期运行的锅炉内部，会有轻微的结垢和腐蚀。为了保证合格的蒸汽品质，锅炉必须进行化学清洗，以清除其中的各种沉淀物，使承压部件内表面形成一层良好的保护膜。

38. 何谓热态起动和冷态起动？

答： 热态起动是指锅炉经较短时间停用后，仍保持有一定压力和温度的情况下进行的起动。

冷态起动是指锅炉经过检修或较长时间备用后在无压力和在常温下进行的起动。

39. 锅炉起动前应做哪些准备工作？

答： 锅炉起动前应从下列几个方面进行检查。

（1）锅炉本体部分。

1）炉膛内检修脚手架应已拆除，无遗留杂物；受热面清洁，燃烧器完整，吹灰装置齐全。

2）尾部受热面及烟道内应无积灰，无检修遗留物，保温完整。

3）当确认炉膛及烟道内无人时，关闭人孔门。

（2）汽水系统的检查。

1）阀门动作灵活，开关方向正确，门牌、标志齐全。

2）汽包就地水位计应清晰透明，照明良好。

3）安全门应完整，周围无杂物。

4）汽水管道保温应完整，支吊架牢固，为检修做的临时措施应已拆除。

5）各部膨胀指示器应灵活好用。

（3）转动机械部分的检查。

1）检查联轴器、安全罩和地脚螺丝，应牢固无松动。

2）检查电动机接地线，应良好。

3）检查风机出入口挡板，应开关灵活，方向、开度指示正确。

4）对转动部分进行盘车，无摩擦现象。

5）检查润滑油油质、油量，应合格；冷却水畅通。

（4）制粉系统的检查。

1）检查系统内部，无杂物、积粉、自燃现象。

2）检查系统设备，应齐全，保温完整，防爆门无破损。

3）检查制粉系统锁气器，应严密，动作灵活，无卡涩现象。

4）检查风门挡板，应开关灵活，方向正确，开度指示与实际相符。

40．锅炉起动对上水的要求是什么？

答：（1）锅炉上水温度不应超过 90～100℃，上水速度应缓慢。

（2）进入锅炉的水应是除过氧的、经过水处理符合补充水质规定的水。

41．锅炉并汽前为何要对主蒸汽管道进行暖管？

答：主蒸汽管道的特点是长度较长和形状复杂，管子、法兰盘和阀门各零部件的厚度差别很大，因而对管道的加热也需较长时间，因此主蒸汽管道在投用之前，先以少量的蒸汽对其进行预热，使管道温度缓慢上升。如果不进行暖管，高温蒸汽突然涌入，将会使蒸汽管道温度很快上升，因膨胀的不同而使金属管子和其他附件产生过大的热应力和水冲击，损坏设备，因而锅炉并汽前必须进行暖管。

42．暖管速度过快有何危害？

答：暖管时升温速度过快，会使管道与附件有较大的温差，从而产生较大的附加应力。另外，暖管时升温速度过快，可能使管道中疏水来不及排出，引起严重水击，从而危及管道、管道附件以及支吊架的安全。

43. 什么叫并汽（并炉）？

答：母管制系统锅炉启动时，将压力和温度均符合规定的蒸汽送入母管的过程，称并汽或并炉。

44. 锅炉并汽的条件是什么？

答：（1）并汽时锅炉的汽压略低于蒸汽母管的汽压。中压锅炉一般低 0.05~0.10MPa。

（2）并汽时锅炉的汽温应比额定值低，一般低 30~60℃，以免并汽后由于燃烧加强而使汽温超过额定值。

（3）汽包水位应低一些，以免并汽时水位急剧升高，蒸汽带水，汽温下降，一般并汽时汽包水位低于正常水位 30~50mm。

（4）蒸汽品质应符合质量标准。

（5）锅炉燃烧保持稳定。

45. 锅炉起动过程中如何保护省煤器？

答：为了保护省煤器，大多数锅炉都装有再循环管。当锅炉停止给水时，开启省煤器管上的再循环门，在汽包、再循环管、省煤器之间形成自然水循环回路，以冷却省煤器。

46. 锅炉起动过程中如何保护过热器？

答：在锅炉点火初期，由于产汽量小，过热器管内蒸汽流通量小，可通过限制过热器入口烟气温度的方法保护过热器。控制烟气温度的方法是限制燃料量和调整炉膛火焰中心的位置。随着压力的升高，过热器内蒸汽流通量增大，管壁逐渐得到良好的冷却，可用限制过热器出口汽温的方法来保护过热器。过热器出口汽温的高低主要与燃料量和排汽量以及火焰中心位置和过量空气系数有关。

47. 在锅炉起动过程中，如何防止汽包上、下壁温差超过50℃？

答：（1）严格控制升压速度。升压速度应尽量缓慢，严格按规程规定的时间升压。控制升压速度的主要手段是控制燃料量。

（2）升压初期，升压一定要缓慢、平稳，尽可能不波动。

（3）设法尽早建立水循环。尽早建立正常水循环的方法是定期放水，维持燃烧的稳定和均匀，炉底安装蒸汽加热装置。

48. 锅炉起动过程中如何防止水冷壁受损？

答：在锅炉点火升压过程中，对水冷壁的保护是很重要的。因为在升压的初期，水冷壁受热不均匀。如果同一联箱上各根水冷壁管金属温度存在着差别，就会产生一定热应力，严重时会使水冷壁损坏。其措施是沿炉膛四周均匀对称地投停燃烧器，加强水冷壁下联箱放水，促进正常水循环的建立。

49. 锅炉升压过程中为什么要特别注意控制汽包水位？

答：在锅炉升压过程中，锅炉工况变化比较多，例如燃烧不稳定而调节频繁；汽温、汽压升高后，排汽量改变；进行定期排水等等，这些工况的变化都会对水位产生不同程度的影响，如果对水位调节控制不当，将很容易引起水位的事故。因此，在锅炉升压过程中应特别注意控制汽包水位在正常值范围内。

50. 何谓额定参数停炉？

答：额定参数停炉是指在额定参数下，锅炉负荷逐渐降低至零，再与蒸汽母管解列的停炉方式。

51. 何谓滑参数停炉？

答：滑参数停炉是指锅炉与汽轮机同时逐渐降低参数至最低的一种停炉方式。

在机组停运过程中，先负荷降至 70% ~ 80% 左右，然后降低锅炉主蒸汽压力，使汽轮机调速汽门全开；继续逐渐降低汽温汽压，负荷随着汽温汽压的下降而下降，直至降到可以调整的最低参数后，将剩余负荷减至零。

52. 在什么情况下应紧急停炉？

答：（1）锅炉严重缺水。

（2）锅炉严重满水。

（3）炉管爆破不能维持汽包正常水位时。

（4）炉墙发生裂缝而有倒塌危险或炉架横梁烧红时。

（5）尾部烟道发生再燃烧，使排烟温度不正常地升高时。

（6）所有水位计损坏时。

53. 锅炉停止供汽后，为何需要开启过热器疏水门排汽？

答： 锅炉停止向外供汽后，过热器内工质停止流动，但这时炉内温度还较高，尤其是炉墙会释放出热量，对过热器进行加热，有可能使过热器超温损坏。为了保护过热器，在锅炉停止向外供汽后，应将过热器出口联箱疏水门开启放汽，使蒸汽流过过热器对其冷却，避免过热器超温。排汽时间一般为 30min。疏水门关闭后，如汽侧压力仍上升，应再次开启疏水门放汽，但疏水门开度不宜太大，以免锅炉被急剧冷却。

54. 锅炉停炉消压后为何还需要上水、放水？

答： 自然循环式锅炉在启动时，需注意防止水冷壁各部位受热不均，出现膨胀不一致现象。锅炉停炉时，则需注意水冷壁各部分因冷却不均、收缩不一致而引起的热应力。停炉消压后，炉温逐渐降低，水循环基本停止，水冷壁内的水基本处于不流动状态，这时水冷壁会因各处温度不一样，使收缩不均而出现温差应力。

停炉消压后上水、放水的目的就是促使水冷壁内的水流动，以均衡水冷壁各部位的温度，防止出现温差应力。同时，通过上水、放水吸收炉墙释放的热量，可加快锅炉冷却速度，使水冷壁得到保护，也为锅炉检修争取到一定时间。

55. 停炉后达到什么条件锅炉才可放水？

答： 当锅炉压力降至零，汽包下壁温度 100℃以下时，才允许将锅炉内的水放空。

根据锅炉保养要求，可采用带压放水，中压炉在压力为 0.3 ~0.5MPa、高压炉在 0.5~0.8MPa 时就放水。这样可加快消压冷却速度，放水后能使受热面管内的水膜蒸干，防止受热面内部腐蚀。

56. 对停用的锅炉常用的保护方法有哪些？

答： 常用的保护方法有湿法防腐和干燥保护法两种。

湿法防腐中又有联氨法、氨液法、保持给水压力法和保持蒸汽压力法；干燥保护法中有烘干法和干燥剂法。

57. 对停用的锅炉为什么要进行保护？

答： 锅炉停炉放水后，炉管金属内表面受潮而附着一薄层水膜或者某些部位的存水无法放净，外界空气进入汽水系统后，空气中的氧便溶解在水膜或积水中，使承压部件受到腐蚀。因此，在锅炉停用期间必须进行保护。

58. 停炉后如何用联氨法对锅炉进行保护？

答： 联氨法是用除氧剂——联氨配成保护性水溶液，充满汽水系统。具体方法为：在锅炉停用后不放水，用加药泵将氨水和联氨注入，使其充满汽水系统，保持水中过剩联氨浓度为 150～200mg/L，pH 值大于 10。如果锅炉是在大修后进行保养，则应先往锅炉内上满经过除氧的除盐水，然后在往水中加氨水和联氨，上完水后应将锅炉点火升压到 0.4～0.6MPa 放出水中氧，待炉水含氧合格后，停止燃烧。

59. 锅炉除焦时锅炉运行值班员应做好哪些安全措施？

答：（1）除焦工作开始前应得到锅炉运行值班员同意。

（2）除焦时，锅炉运行值班员应保持燃烧稳定，并适当提高燃烧室负压。

（3）在锅炉运行值班员操作处所应有明显的"正在除焦"的标志。

（4）当燃烧不稳定或有炉烟向外喷出时，禁止打焦。

（5）在结焦严重或有大块焦掉落可能时，应停炉除焦。

60. 运行中对锅炉进行监视和调节的主要任务是什么？

答：（1）使锅炉的蒸发量适应外界负荷的需要。

（2）均衡给水，维持汽包水位正常。

（3）保持正常的汽压和汽温。

（4）保证蒸汽品质合格。

（5）维持经济燃烧，尽量减少热损失，提高锅炉效率。

（6）注意分析锅炉及辅机运行情况，如有失常应及时处理，以防止事故的发生和扩大。

61. 蒸汽压力调节的必要性是什么？

答： 蒸汽压力是蒸汽质量的重要指标。在锅炉运行中，蒸汽压力是必须监视和控制的主要参数之一。

汽压过低，会减少蒸汽在汽轮机中膨胀做功的能力，使汽耗增大，煤耗增加，经济性下降。汽压过低，还会造成事故，影响机组的正常发电和供热。

汽压过高，安全门动作，会造成大量排汽损失。如果安全门动作次数过多，会导致安全阀关闭不严，增加漏汽损失，甚至会使安全门发生故障，被破停炉。

62. 过热汽温调节的必要性是什么？

答： 当汽温偏离额定值过大时，会影响锅炉和汽轮机的安全性和经济性。

汽温过高，会加快金属材料的蠕变，使过热器管道、主蒸汽管道等寿命缩短。严重超温时，还会使过热器管道爆破。蒸汽温度过低，会使汽轮机最后几级的蒸汽湿度增加，严重时还会发生水冲击。当压力不变时，汽温降低，蒸汽的含热量减少，蒸汽的做功能力减小，汽轮机汽耗量增加，会降低发电厂的经济性。

63. 汽压变化对汽温有何影响？为什么？

答： 汽压升高，汽温升高。因为汽压升高，汽化潜热减小，水冷壁产生同样数量的蒸汽所需的吸热量少，导致炉膛出口烟温升高。同时，因负荷未变，汽轮机汽耗量减少，锅炉蒸发量减少，过热器流量减少，在燃料量未改变前，导致过热汽温升高。

若汽压波动次数过多，还会使锅炉受热面的金属经常处于交变应力的作用下，发生疲劳损坏。因此，在运行中必须对汽压进行监视。

64. 风量变化对过热汽温有何影响？

答： 当送风量或炉膛漏风量增加时，炉内过量空气量增加，炉膛温度降低，烟气体积增加，流经对流过热器的烟气量增多，烟气流速增大，使对流过热器传热增强，汽温升高。当风量不足时，燃烧不完全，锅炉效率下降；另外，烟道内易发生再燃烧，也会引起汽温升高。因此，运行中必须送入炉内合适的空气量。

65. 在锅炉运行中为何要进行水位调节？

答：保持汽包水位正常，是锅炉和汽轮机安全运行的重要保证。

水位过高，蒸汽空间高度减小，蒸汽带水量增加，使蒸汽品质恶化，容易造成管壁结垢，使管子过热烧坏。汽包严重满水时，会造成蒸汽大量带水，过热汽温急剧下降，引起主蒸汽管道和汽轮机严重水冲击，损坏汽轮机叶片和推力瓦。水位过低，破坏锅炉水循环，使水冷壁的安全受到威胁。若严重缺水，容易造成炉管爆破。因此，运行中必须保证汽包水位正常。

66. 汽压变化对水位有何影响？

答：当汽压降低时，由于饱和温度的降低使部分锅水蒸发，引起锅水体积的膨胀，故水位要上升。反之当汽压升高时，由于饱和温度的升高，使锅水的部分蒸汽要凝结，引起锅水体积的收缩，故水位要下降。如果汽压变化是由负荷引起的，则上述的水位变化是暂时的现象，接着就要向相反的方向变化。

67. 何谓实际水位、指示水位和虚假水位？

答：实际水位是汽包内真实的水位。它是观察不到的。指示水位是水位计中所看到的水位。由于水位计放在汽包外部向外散热，使水位计内水柱温度低于汽包内的饱和温度，造成水位计中水柱的密度增加，使指示值偏低。

虚假水位是在锅炉负荷突然变化过程中出现的不真实的水位。锅炉负荷急剧增加时，汽包压力突降，此压力所对应的饱和温度降低，低于汽包内炉水的温度，使炉水和汽包壁放出大量热量，这些热量又来蒸发炉水，于是炉水内汽泡增加，汽水混合物体积膨胀，促使水位很快上升，形成虚假水位。当炉水产生的汽泡逐渐逸出水面后，汽水混合物的体积又收缩，水位又下降。

68. 如何冲洗水位计？

答：（1）开启放水门，使汽管、水管及水位计得到冲洗。

（2）关闭水门，冲洗汽管及水位计。

（3）开启水门，关闭汽门，冲洗水管。

（4）开启汽门，关闭放水门。

69. 为何冲洗水位计？应注意什么？

答：冲洗水位计是为了清洗水位计的玻璃管，防止水、汽连通管堵塞，以免运行人员被假水位现象所迷惑，造成锅炉缺水或满水事故。

冲洗水位计应注意以下几点：

（1）冲洗水位计要注意人身安全，要戴手套，脸不要正对水位计，以免爆破时伤人。

（2）关闭放水门时应缓慢。

（3）关闭放水门后水位计中的水位应很快上升，并有轻微波动。否则，必须重新冲洗水位计。

70. 如何维持运行中的水位稳定？

答：大型机组都采用较可靠的给水自动来调节锅炉的给水量，同时还可以切换为远方手动操作。当采用手动操作时，应尽可能保持给水稳定均匀，以防止水位发生过大波动。

监视水位时必须注意给水流量和蒸汽流量的平衡关系，及给水压力和调整门开度的变化。

此外，在排污，切换给水泵，安全门动作，燃烧工况变化时，应加强水位的监视。

71. 锅炉负荷变化时，汽包水位为何也变化？

答：锅炉负荷变化引起汽包水位变化，有两方面的原因，一是给水量与蒸发量平衡关系破坏；二是负荷变化必然引起压力变化，而使工质比容变化。

72. 汽温变化如何调整？

答：目前汽包锅炉过热汽温调整一般以喷水减温为主，大容量锅炉通常设置两级以上的减温器。一般用一级喷水减温器对汽温进行粗调，其喷水量的多少取决于减温器前汽温的高低，应能保证屏式过热器管壁温度不超过允许值。二级减温器用来对汽温进行细调，以保证过热蒸汽温度的稳定。

73. 炉内引起煤粉爆燃的条件是什么？

答：（1）炉膛灭火，未及时切断供粉，炉内积粉较多，第二次再点火时可能引起爆燃。

（2）锅炉运行中个别燃烧器灭火。

（3）输粉管道积粉、爆燃。

（4）操作不当，使邻近正在运行的磨煤机煤粉漏泄到停用的燃烧器一次风管道内，并与热风混合，引起爆燃。

（5）由于磨煤机停用或磨煤机故障停用时，吹扫不干净，煤粉堆积（缺氧），再次启动磨煤机时，燃烧器射流不稳定，发生爆燃。

74. 固态排渣煤粉炉燃烧调节的目的是什么？

答：（1）保证锅炉在设计的汽压、汽温和蒸发量等参数下稳定运行。

（2）保证着火稳定，燃烧中心适当，火焰分布均匀，避免积灰、结渣。

（3）使锅炉机组运行保持最高的经济性。

75. 简述锅炉结渣造成的危害。

答：（1）降低锅炉效率。受热面结渣，使管内汽水混合物吸热量下降，烟温升高，排烟热损失增加。若炉膛出口结渣，造成烟气通道堵塞，通风受到限制，炉内空气量供应不足；若喷燃器出口结渣，影响气流的正常喷射。这些都会使化学不完全燃烧热损失和机械不完全燃烧热损失增加，锅炉效率下降。

（2）降低锅炉出力。受热面结渣，导致降低锅炉蒸发量减少，锅炉出力降低。

（3）容易造成事故。水冷壁结渣，使其受热不均，容易损坏水冷壁管。结渣严重时，除渣时间长，大量冷风进入炉内，易使锅炉灭火，大块焦渣突然坠落，也能压灭炉火。炉膛出口大部分通道被结渣封住、冷灰斗被封死或大渣块落下砸破水冷壁管等，均会造成停炉事故。

76. 如何预防结渣?

答：预防结渣的措施有：

(1) 堵漏风。凡是漏风处都要设法堵严。

(2) 防止火焰中心偏移。炉膛上部结渣时，尽量投用下排喷燃器或喷燃器下倾，以降低火焰中心。若炉膛下部结渣，则采取相反的措施。

(3) 防止风粉气流冲刷水冷壁。

(4) 保持合格的煤粉细度。

(5) 及时吹灰和除渣。

77. 锅炉满水的原因有哪些?

答：(1) 运行人员对水位监视不够，误判断或误操作造成。

(2) 水位计指示不准确，造成误判断。

(3) 给水自动调节装置失灵或调整机构故障。

(4) 给水压力过高或突然上升。

(5) 锅炉负荷增加太快。

(6) 汽包安全门动作。

78. 如何用叫水法检查汽包水位?

答：叫水程序如下：

(1) 缓慢开启放水门，观察水位，如水位计中有水位下降，表明为轻微满水。

(2) 若不见水位，关闭汽门，并缓慢关闭放水门，注意观察水位，如水位计中有水位上升，表明轻微缺水。

(3) 如仍不见水位，关闭水门，再缓慢开启放水门，若水位计中有水位下降，表明严重满水；若无水位出现，则表明严重缺水。

79. 锅炉运行中容易发生哪些事故?

答：(1) 锅炉水位事故，如锅炉缺水、满水等。

(2) 锅炉燃烧事故，如炉膛灭火、爆炸，烟道二次燃烧，燃烧室炉墙损坏等。

(3) 锅炉受热面损坏事故，如水冷壁爆破，省煤器损坏等。

（4）厂用电中断事故。

（5）液态排渣炉的结焦、磨损、腐蚀、炉底析铁等事故。

（6）锅炉辅助设备事故，如送、引风机事故。

80. 煤粉炉发生灭火的原因是什么？

答：（1）锅炉负荷低，未投入油枪稳定燃烧。

（2）燃烧自动调节失灵，未及时发现。

（3）煤质差或煤种突变，未及时调整燃烧。

（4）炉膛温度低，锅炉负荷过低，漏风量大，喷燃器起停频繁，除灰、吹灰、打焦时操作不当或时间过长等，造成炉膛温度过低。

（5）水冷壁爆破。

（6）炉膛上部掉大焦。

（7）辅机事故，如送、引风机、给粉机跳闸，给粉机工作不正常，一次风管堵塞等，均会造成锅炉灭火。

81. 锅炉灭火如何处理？

答：锅炉灭火后，灭火保护装置动作，发出灭火信号，并自动切除一切燃料。如果灭火保护拒动，则应手拉紧急停炉开关，停止一切燃料，将所有的自动装置切换为手动调节，严格监视汽温、水位、汽压，调整引、送风机挡板，减小送风量，提高炉膛负压，通风 5min，以排除炉膛和烟道内可燃物。查明原因后，重新点火，逐渐恢复正常。

82. 烟道再燃烧的原因有哪些？

答：（1）燃烧过程中调整不当，风量过小，煤粉过粗，油枪雾化不良，使未燃尽的可燃物质堆积在尾部烟道受热面上。

（2）在点火初期或低负荷运行时，炉温低，风、煤油配合调整不当，造成大量可燃物沉积在烟道内。

（3）燃烧室上部负压过大，使未燃尽的煤粉进入烟道。

（4）中间储仓式制粉系统，锅炉点火后，送粉过早，三次风所带煤粉不能完全燃烧，积存于烟道内。

（5）给粉机运行不正常，煤粉自流，使未完全燃烧的煤粉进入烟道。

（6）吹灰不及时或经常正压运行，使烟道内积存大量可燃物而引起再燃烧。

83. 水冷壁爆管的原因有哪些？

答：（1）管内结垢腐蚀。管内结垢，管内工质吸热量相对减小，壁温升高，严重时引起局部过热而爆破。

（2）管外磨损腐蚀。

（3）安装、检修质量不良。

（4）点火方式不当，锅炉点火起动方式不当，使部分管受热不均，产生热应力，造成水冷壁爆破。

（5）锅炉缺水，处理不当。如锅炉发生严重缺水，又错误地继续进水，引起巨大的热应力，导致水冷壁管爆破。

（6）水循环破坏。

（7）其他原因。如锅炉大焦脱落砸坏水冷壁管，或在清除焦渣时，将管子损伤等，造成水冷壁管爆破。

84. 省煤器损坏的现象是什么？

答：（1）省煤器烟道内有漏泄响声。

（2）排烟温度降低，两侧烟温差增大。

（3）打开人孔门可看到湿灰堆积。

（4）给水流量不正常地大于蒸汽流量，严重时汽包水位降低。

（5）炉膛负压减小，吸风机投自动时电流增大。

（6）从省煤器不严密处向外冒汽，严重时烟道下部漏水。

85. 6kV厂用电中断的原因有哪些？

答：（1）电力系统故障。

（2）发电机故障。

（3）厂用变压器故障。

（4）母线故障。

（5）工作人员误操作。

（6）备用电源自投失灵。

86. 立式旋风炉起动前应检查哪些项目？

答：（1）前置炉、二次室炉衬完整无损，捕渣管销钉完整，管间无焦渣。

（2）渣栏、喷燃器冷却水管的保护涂料层完整无损。冷却水管完整畅通，渣口无焦渣。

（3）前置炉和二次室的水冷壁管外形正常，无鼓包。

（4）粒化箱内无焦渣及杂物，除渣门及打焦孔开关灵活。

（5）冲渣喷嘴完整、畅通，喷水方向正确，冲渣水门严密不漏。

（6）粒化箱排渣口完好畅通，冲渣沟内无杂物，渣沟盖板齐全。

87. 立式旋风炉前置炉灭火而二次室燃烧旺盛的危害有哪些？

答：（1）由于二次室火焰旺盛，使火焰中心由前置炉移到二次室，过热器、尾部受热面烟温不正常地升高，导致过热器温度升高。

（2）二次室的燃烧，使大量灰渣存留在二次室炉底，长时间的堆积造成堵渣，被迫停炉。

88. 二次风口结渣应如何处理？

答：当二次风口结渣不严重时，可通过提高锅炉负荷，适当调整配风，消除结渣。如果结渣比较严重，仅采用一般的燃烧调整很难奏效时，往往采用运行中的化焦方法：

（1）投油化渣。将点火油枪投入，并适当增加一次风量，提高旋风室上部温度，化渣。

（2）停风化渣。将前置炉的一侧二次风量挡板关闭，另一侧挡板全开，适当提高风压，尽可能保持总风量，运行一段时间后，再将两侧风量挡板倒换，进行上述操作，然后恢复到正常工况。

89. 液态排渣旋风炉捕渣管挂渣造成的危害是什么？

答：捕渣管挂渣，会造成捕渣管处烟气流通面积减小，通风阻力增大，严重时会将捕渣管间间隙堵死，使前置炉正压过大，从旋风筒不严密处及渣井处大量冒煤粉和烟尘，一次风送粉困难，无法维持锅炉正常运行。

90. 立式旋风炉为何会形成炉底积灰？

答：（1）燃料性质：锅炉燃烧煤质较差的煤，燃料的燃尽度低，造成整个炉室火焰温度低，使二次室气流和燃烧工况不佳，二次室内煤粉不能燃尽，粗大的未燃尽碳粒沉积下来落入二次室底部，形成积灰。

（2）运行中制粉系统调整不当，如三次风量过大等，造成炉底积灰。

91. 如何减轻对流受热面积灰？

答：（1）改变煤粒特性。这种方法很难实现，因此很少采用。

（2）限制二次室出口烟温。设计时，二次室出口烟温必须低于灰的软化温度。在运行中，应合理调节炉内燃烧，尽量防止二次室水冷壁结渣、积灰。

（3）采取有效的清灰措施。

92. 炉内析铁有何危害？

答：（1）炉内严重析铁时，炉底渣池内出现铁水，铁水沉积在炉底，侵蚀耐火层，破坏炉底结构。

（2）积铁突然性大量集中排出，流至粒化水箱中与水相遇会放出氢气，发生爆炸事故。

（3）炉内形成大量积铁时给停炉检修带来很大困难。

因此，运行中要防止炉内析铁事故的发生。

93. 说明硫酸盐型高温腐蚀产生的条件。

答：（1）燃煤中含硫、灰分中含碱类物质（Na_2O、K_2O）和积灰层中含硫酸盐较多。

（2）水冷壁管无稳定的耐火涂料层，熔渣直接接触管壁金属。

（3）烟气中的碱类物质及 SO_3 扩散到管壁表面，并与渣膜上的硫酸盐反应。

94. 何谓链条炉的分段送风?

答: 分段送风是根据燃料燃烧所需空气量的多少,沿炉排长度在不同的位置送入不同的空气量的方法。

95. 链条炉为何采用分段送风?

答: 在链条炉排上,燃料层的燃烧,是沿炉排长度方向分区带进行的。因此,沿炉排度所需的空气量不同,中间多,两端少,如果炉排下部供给的风量不加以控制和分配,就会出现两端风量过剩、中间风量不足的现象,将会造成炉膛温度降低,排烟热损失增大。因此,必须采用分段送风。

96. 链条炉炉排后部装设的挡渣装置有何作用?

答: (1)延长灰渣在炉排后部的停留时间,促进灰渣中的可燃物进一步燃烧。

(2)防止灰渣斗中的冷风进入炉内。

(3)连续或定期排渣。

(4)防止灰渣落入炉排后轴上和链条之间的空隙中去。

97. 何谓热功率?

答: 热功率是表示层燃炉燃烧室每小时所产生的总热量,用 Q 表示

$$Q = BQ_{ar \cdot net} \quad (kJ/h)$$

式中 B——燃料消耗量,kg/h;

$Q_{ar \cdot net}$——燃料的低位发热量,kJ/kg。

98. 层燃炉炉拱的作用是什么?

答: 促进炉内气流的混合,组织局部的热辐射,加快燃料的着火燃烧。

99. 层燃炉中的前拱和后拱各起何作用?

答: 前拱的作用是:利用烟气和燃料的辐射热向刚入炉内的燃料提供高温热源,促进新燃料着火和燃烧。

后拱的作用是:减小火床对水冷壁的直接辐射,保持燃尽阶段所必须的温度,同时与前拱配合形成喉口,促进气流混合和燃

料的燃烧。

100. 简述影响风力机械抛煤炉运行工况的因素。

答：（1）抛煤机的转速：抛煤机的转速，可调节火床上的燃料分布。为使抛煤均匀，希望进入抛煤机的煤粒都能被抛煤机的叶片打着，煤粒射程最远，且能按照颗粒大小获得较理想的煤层分布。

（2）抛煤角：改变抛煤角度，可调节抛煤距离。

（3）燃煤颗粒：机械抛煤炉的煤块粒径一般小于35mm。

（4）抛煤风压：机械抛煤炉中布置有风喷嘴。其作用是将抛煤机叶片不能打击出去的煤末向炉后吹起，起到抛煤的作用，以免堆积在炉前。因此，抛煤风压必须选择合适，其最佳工况通常由试验确定。

101. 链条炉炉排被卡住应如何处理？

答：（1）将炉排倒转一小段距离，如无异常，可继续运行。

（2）停止运行，查明原因，予以消除。

（3）起动炉排，仍出现卡住现象时，检查炉排安全弹簧的压紧程度，必要时适当拧紧，然后起动。

（4）若经上述处理后，炉排卡住现象仍未消除时，则应停炉检修。

102. 链条炉炉墙及吊砖损坏常见的原因有哪些？

答：（1）检修后烘炉不当，升火或停炉方式不正确。

（2）耐火材料质量不良，施工质量差。

（3）设计不合理，炉墙阻碍受压部件正常膨胀或热强度过高，吊砖冷却不充分。

（4）锅炉经常在正压下运行，炉膛温度过高，或炉墙挂焦严重，而打焦时将水喷到炉墙上。

103. 余热锅炉防灰管的作用是什么？

答：除灰管是余热锅炉主要的蒸发受热面，装置在余热锅炉的最前端。水泥窑尾废烟气中粉尘浓度很高，当温度达900℃左右时，很容易贴附在炉管表面。当水从汽包中顺下降管进入防灰管时，低温的水与管外高温的灰相互进行热交换，高温灰急剧冷却落入烟道中，低温的水吸收高温灰的热量，蒸发为汽水混合物，顺上升管进入汽包，形成自然水循环系统。

104. 简述余热锅炉的传热过程。

答：完成水泥物料煅烧后的废烟气进入冷却室进行自然降温。首先流经防灰管，防灰管内的水吸收热量后产生汽水混合物进入汽包；烟气流经过热器和对流管束，对流管束的炉水蒸发产生汽水混合物沿上升管进入汽包，汽包内的水沿下降管不断流入对流管束和防灰管。烟气最后进入省煤器、除尘器。完成整个锅炉的传热过程，使水被加热、蒸发，最后变成过热蒸汽。

105. 余热锅炉在运行中应监视哪些项目？

答：余热锅炉在运行中监视的项目很多，如蒸汽压力、汽包水位、给水温度、给水压力、余热锅炉入口处烟气温度及负压、辐射冷却室出口处烟气的温度及负压、余热锅炉出口处的烟气温度及负压、产汽量和补给水处理的控制指标等。

106. 余热锅炉控制烟门故障的主要原因是什么？应如何处理？

答：余热锅炉控制烟门故障的主要原因一般是烟门轨道结渣和变形，致使烟门不能上、下移动。处理的方法是将积结的灰渣及时清除干净和保证烟门轨道不变形。

107. 何谓床料和物料？

答：循环流化床锅炉起动前，布风板上铺有一定厚度、一定粒度的"原料"，称作床料。床料一般由灰渣、沙子石等组成。

物料是指在循环流化床锅炉运行过程中炉膛内燃烧或载热的物质。

108. 何谓临界流速和临界流量？

答：临界流速是指床料开始流化时的一次风速。

临界流量是指床料开始流化时的一次风量。

109. 何谓物料的循环倍率？

答：物料循环倍率是指物料分离器捕捉下来且返送回炉内的

物料量与给进的燃煤量之比，通常用 K 表示，即

$$K = \frac{W}{B}$$

式中　K——物料循环倍率；

　　　W——返送回炉内的物料量，t/h；

　　　B——燃煤量，t/h。

110. 影响物料循环倍率的因素有哪些？

答：（1）一次风量。

（2）燃料颗粒特性。

（3）物料分离器的效率。

（4）回料系统的运行状况。

111. 简述循环流化床的工作原理。

答：燃料由给煤口进入炉内，而助燃的一次风由炉床底部送入，二次风由二次风口送入，燃料在炉内呈流化状态燃烧，燃烧产物——烟气携带一部分固体颗粒离开炉膛进入物料分离器。物料分离器将固体颗粒分离出来返送回炉床内再燃烧，烟气排出进入烟道。如此反复循环，形成循环流化床，如图 3－5 所示。

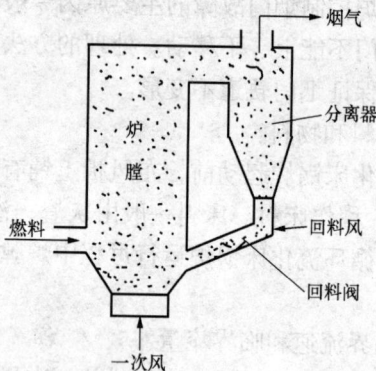

图 3－5　循环流化床锅炉原理图

112. 煤粒在流化床内燃烧经历哪几个过程？

答：燃烧经历以下四个连续的过程：

（1）煤粒被加热和干燥。

（2）挥发分的析出和燃烧。

（3）煤粒的膨胀和破裂。

（4）焦炭燃烧和再次破裂及炭粒磨损。

113. 如何用沸腾法检查布风板的均匀性？

答： 首先在布风板上铺平 300～400mm 厚的床料，起动一次风机把料层沸腾起来并保持一段时间，然后停止风机，立即关闭挡板，当床料静止后观察料层。若料层表面平坦，就表明布风均匀，流化良好。若料层表面凸凹不平，表明布风不均匀，流化不良。炉型不同，布风板的结构、风帽型式不同，流化不良所表现出来的凸凹程度也各不相同。

114. 简述循环流化床锅炉压火备用的操作方法。

答： 由于某种原因，需暂时停止锅炉运行时，常采用压火备用的方法。

其操作方法是：首先停止给煤机，当炉内温度降至 800℃ 时，停吸、送风机。关闭风机挡板，使物料很快达到静止状态。锅炉压火后要监视料层温度，若料层温度下降很快，应查明原因，以免料层温度太低，使压火时间缩短。

115. 物料循环系统必须具备的条件是什么？

答：（1）保证物料高效分离。

（2）稳定回料。

（3）防止炉内烟气由回料系统窜入分离器。

（4）回料量应连续并可调。

116. 循环流化床锅炉床温过高或过低各会造成什么危害？

答： 床温超温时的危害是：

（1）使脱硫剂偏离最佳反应温度，脱硫效果下降。

（2）床温超过或局部超过燃料的结焦温度时，炉膛会出现高温结焦。布风板上和回料阀处结焦时，处理十分困难，只能停炉后人工处理。

（3）使炉膛出口蒸汽超温，影响正常运行。

床温过低时的危害是：

（1）脱硫剂脱硫效果下降。

（2）炉膛温度低于燃料的着火温度，锅炉熄火。

（3）锅炉出力下降。

117. 简述影响循环流化床锅炉出力不足的因素。

答：（1）分离器效率低，物料分离器的实际运行效率达不到设计要求。

（2）燃烧份额的分配不够合理。

（3）燃料的粒径份额与锅炉不适应。

（4）受热面布置不合理。

（5）锅炉配套辅机的设计不合理。

118. 循环流化床锅炉结焦的原因有哪些？

答：（1）操作不当，造成床温超温而产生结焦。

（2）运行中一次风量保持太小，低于最小硫化风量，使物料不能很好流化而堆积，导致炉内温度降低，锅炉出力减小，这时盲目加大给粉量，必然造成炉床超温而结焦。

（3）燃料制备系统选择不当。燃料级配过大，粗颗粒份额较大，造成密相床超温而结焦。

（4）燃煤煤种变化太大。

第二节　高　级　工

一、填空题

1. 根据煤粉在炉内燃烧的三个阶段，将炉膛划分为三个区。其中喷燃器出口附近是＿＿①＿＿，炉膛中部与喷燃器同一水平的区域及其稍高的区域是＿＿②＿＿。以上部分至炉膛出口的区域是＿＿③＿＿。

答：①着火区；②燃烧区；③燃尽区。

2. 挥发分低的煤，着火温度＿＿①＿＿，着火热＿＿②＿＿，完全燃烧时间＿＿③＿＿，应＿＿④＿＿炉膛温度，可以采用＿＿⑤＿＿、＿＿⑥＿＿

等措施。

答：①高；②多；③长；④提高；⑤热风送粉；⑥敷设燃烧带。

3．锅炉的输入热量是由三部分组成，分别是　①　、燃料的　②　和　③　。一般情况下可近似地等于　④　。

答：①应用基低位发热量；②物理显热；③雾化重油所用蒸汽带入的热量；④燃料应用基低位发热量。

4．影响锅炉灰渣物理热损失的主要因素是燃料中的　①　、　②　和　③　。

答：①灰分含量；②炉渣占总灰分的份额；③排渣方式。

5．排烟容积增加，排烟热损失　①　，排烟温度升高，排烟热损失　②　。

答：①增大；②增大。

6．锅炉热平衡中，q_3 表示　　　　热损失。

答：化学不完全燃烧。

7．汽包是一个钢质的　①　形压力容器，它是由　②　和　③　两部分组成。

答：①圆筒；②筒身；③封头。

8．膜式水冷壁的气密性　①　，减小了炉墙的　②　，　③　安装，　④　结渣。

答：①好；②漏风；③便于；④不易。

9．刺管水冷壁的主要作用是　①　。主要用于　②　态排渣炉中。

答：①敷设燃烧带；②液。

10．下降管分为两种：　①　下降管和　②　下降管。

答：①小直径分散；②大直径集中。

11．当循环回路有稳定的循环流速时，运动压头和流动阻力　①　，随着上升管受热的增强，若运动压头的增加大于流动阻力的增加，循环流速　②　，反之，则　③　。

答：①相平衡；②增加；③减小。

12. 通常把保证管壁有一层连续水膜的最小循环倍率称为_____。

答：界限循环倍率。

13. 水平放置的管子出现汽水分层现象时，上壁接触____①____，下壁接触____②____，上下壁之间产生____③____，容易使管子损坏。

答：①蒸汽；②水；③热应力。

14. 下降管带汽的原因是下降管进口的____①____，下降管进口截面形成____②____和____③____。

答：①自汽化；②旋涡斗；③水室含汽。

15. 内置式旋风分离器是利用____①____、____②____、____③____等原理进行汽水分离的。

答：①离心分离；②重力分离；③惯性分离。

16. 顶部多孔板多装在波形板的____①____，其作用是利用孔板的____②____使蒸汽沿汽包的长度方向和宽度方向____③____引出。

答：①上面；②节流作用；③均匀。

17. 蒸汽清洗即能减少蒸汽____①____，又能减少蒸汽____②____，使蒸汽的品质进一步得到提高。

答：①机械携带的盐分；②溶盐。

18. 定期排污是定期排出炉水中的____①____，其排污地点是____②____。

答：①水渣；②水冷壁下联箱。

19. 两联箱间并列的蛇形管，两端的压力差越大，管内流量____①____；流动阻力越大，管内流量____②____；因而造成并列管的____③____，导致____④____。

答：①越大；②越小；③流量不均；④热偏差。

20. 采用自制凝结水的喷水减温系统，当锅炉负荷增加，过热汽温____①____、喷水量自动____②____。

答：①升高；②增加。

21. 管式空气预热器根据管子放置方向不同，分为____①____和

_____②_____两种。煤粉炉通常采用_____③_____式,燃油炉采用_____④_____式。

答:①立管式;②横管式;③立管式;④横管式。

22. 将空气预热器出口的热空气送一部分回到送风机入口与冷空气混合,以提高进风温度的方法叫_____。

答:热风再循环。

23. 省煤器蛇形管的固定方式有_____①_____结构和_____②_____结构两种。

答:①悬吊;②支承。

24. 锅炉工作压力在3.8MPa以上时,控制安全门的动作压力为_____①_____倍的工作压力,工作安全门的动作压力为_____②_____倍的工作压力。

答:①1.05;②1.08。

25. 锅炉水压试验首先进行上水,上满水后,应进行_____①_____,结果确认符合水压试验条件后,即可进行_____②_____。

答:①全面检查;②升压。

26. 根据某处含氧量的百分数,计算此处过量空气系数的简化公式是 $\alpha =$_____。

答:$\dfrac{21}{21 - O_2}$。

27. 燃料烘炉的时间是由_____①_____、_____②_____和_____③_____等因素决定的。

答:①锅炉的型式;②炉墙的结构;③炉墙的湿度。

28. 重锤式安全阀在调整试验前,应将杠杆上的重锤适当_____。

答:外移。

29. 72h整套试运行是对施工、设计和设备质量进行考核,检查设备是否达到_____①_____,是否合乎_____②_____。

答:①额定出力;②设计规定。

30. 煤粉喷燃器应具有足够的_____①_____,使煤粉和空气能很好地混合,风阻_____②_____,沿喷燃器出口截面的煤粉分布要_____③_____。

答：①扰动性；②要小；③均匀。

31. 锅炉的起动过程包括起动前的准备、___①___、___②___、暖管和___③___、___④___。

答：①上水；②点火；③升压；④并汽。

32. 对于新安装的锅炉，在供水与供汽之前必须对锅炉范围内的___①___、___②___和___③___管道系统进行冲洗和吹扫。

答：①给水；②减温水；③主蒸汽。

33. 在起动过程中，由于汽包内、外壁，上、下壁之间存在温差。因此汽包受到___①___应力，___②___应力和___③___应力的作用。

答：①拉伸；②压缩；③内。

34. 当汽包上半壁温度高于下半部壁温度时，上半壁金属受___①___应力，下半部金属受___②___应力。

答：①轴向压；②轴向拉。

35. 母管制锅炉的停炉过程大致分为___①___、___②___、___③___和降压冷却等几个阶段。

答：①停炉前的准备；②减负荷；③停止燃烧。

36. 锅炉尚有___①___和___②___的情况下，要保持汽包水位正常，应有___③___。

答：①压力；②电源；③专人监视。

37. 停炉冷却过程中汽包上、下壁温差不应超过___①___，否则应降低___②___。

答：①50℃；②降压速度。

38. 锅炉熄火停止向外供汽时，应即时___①___锅炉主汽门和隔绝门，开启过热器出口联箱的___②___或___③___，以冷却过热器。

答：①关闭；②疏水门；③向空排汽门。

39. 影响最佳过量空气系数大小的因素主要有___①___、___②___、___③___和___④___等。

答：①燃烧设备的型式和结构；②燃料性质；③锅炉负荷；

④配风工况。

40. 燃烧调节的任务是：在满足外界负荷需要的____①____和合格____②____的基础上，保证锅炉运行的____③____和____④____。

答：①蒸汽数量；②蒸汽质量；③安全性；④经济性。

41. 虚假水位现象是由于____①____造成____②____引起炉水状态发生改变引起的。

答：①负荷突变；②压力变化。

42. 饱和水的压力愈低，升高单位压力时相应的饱和温度上升幅度_____。

答：愈大。

43. 强化燃烧时，先增加____①____，再增加____②____。

答：①风量；②燃料量。

44. 布置双蜗壳式旋流喷燃器的锅炉，当燃用挥发分较低燃料时，应____①____舌形挡板，以提高____②____。

答：①关小；②根部温度。

45. 当锅炉给水、锅水及蒸汽品质超过标准，经多方努力调整无法恢复正常时，应_____。

答：申请停炉。

46. 锅炉发生严重缺水时，此时向锅炉进水会引起汽包和水冷壁产生较大的____①____，甚至导致____②____。

答：①热应力；②水冷壁爆破。

47. 过热器管损坏的现象是：过热器附近炉内有泄漏声；过热器泄漏侧烟气温度____①____、蒸汽流量____②____、给水流量、过热器压力____③____；严重泄漏时，炉膛负压____④____等。

答：①下降；②不正常小于；③下降；④变正。

48. 当省煤器损坏时，排烟温度____①____，给水流量不正常地____②____蒸汽流量，炉膛负压____③____。

答：①降低；②大于；③减小。

49. 液态排渣立式旋风炉的烘炉过程分为____①____、____②____和____③____三个阶段。

答：①养护；②烘干；③热处理。

50. 液态排渣旋风炉在烘炉过程中将炉衬加热至 200 ~ 250℃时，进入___①___阶段，常采用___②___方法。

答：①烘干；②蒸汽加热。

51. 旋风炉炉衬的热处理阶段是从___①___℃到___②___℃或更高的温度范围，采取___③___方法对炉衬进行热处理。

答：①250；②500；③投油。

52. 液态排渣炉的积灰有___①___型、___②___型、___③___型等几种类型。

答：①碱金属化合物；②硅化物；③钙化物。

53. 硫化物型高温腐蚀的条件有燃煤中含有较多的___①___，火焰___②___，管子周围有___③___等。

答：①FeS_2；②直接冲刷水冷壁管；③还原气体。

54. 液态排渣旋风炉当燃用挥发分较低的煤种时，二次风量应___①___，待燃料着火后，二次风量逐渐___②___，以防二次风口___③___。

答：①较小；②增加；③结渣。

55. 捕渣管结渣造成炉内压力升高时，应按规程规定尽快___①___旋风筒内温度，以___②___结渣。

答：①提高；②熔化。

56. 链条炉采用___①___调节，即炉排前后风量___②___，中间风量___③___。

答：①分段送风；②小；③逐渐增大。

57. 为减小层燃炉的火床对水冷壁的直接辐射，保证燃尽阶段所必须的温度，后拱一般布置成___。

答：低而长。

58. 通过改变抛煤机抛煤角，既可调节火床___①___，又可改变___②___。

答：①燃料分布；②抛煤距离。

59. 余热锅炉烟气中的含灰量较一般锅炉___①___、结渣较一般锅炉__②__。

答：①多；②严重。

60. 余热锅炉为防止省煤器内氧腐蚀，应__①__水流速度。为防止省煤器的机械磨损，应__②__烟气速度。

答：①提高；②降低。

61. 余热锅炉对流管束的积灰容易引起自然循环系统____。

答：循环停滞。

62. 根据空气速度，床料的流化状态分为__①__床、__②__床、__③__床、__④__床、__⑤__床，其中不属于流化床的是__⑧__床。

答：①固定；②流动；③鼓泡；④湍流；⑤快速；⑥固定。

63. 鼓泡床锅炉颗粒较__①__，流化速度较__②__，料层有明显的分界面，料层下部浓度__③__，温度__④__。

答：①大；②小；③大；④高。

64. 循环流化床锅炉，四周壁面物料__①__运动，其浓度较中心__②__，中心物料__③__运动。

答：①向下；②大；③向上。

65. 影响循环流化床锅炉物料浓度分布的因素有__①__、物料__②__、__③__、__④__、__⑤__、__⑥__等。

答：①流化速度；②颗粒特性；③循环倍率；④给料口高度；⑤回料口高度；⑥二次风口位置。

66. 布风板的结构型式主要有__①__型、__②__型、__③__型和__④__型。

答：①V字；②回字；③水平；④倾斜。

67. 布风均匀性检查有三种方法：__①__、__②__和__③__。

答：①火钩探测；②脚试法；③沸腾法。

68. 循环流化床锅炉最低风量是指____下保证料层不结焦的最低流化风量。

答：热态。

69. 流态化点火是指在床料____①____状态下，用____②____加热床料的一种方法。

答：①沸腾；②液体或气体燃料。

70. 循环流化床锅炉给煤方式分____①____给煤和____②____给煤两种。

答：①正压；②负压。

71. 循环流化床锅炉回料立管处于流态化流动就是指立管中的物料不再是____①____状态流动而是进入____②____运动状态，循环物料处于一种____③____状态。

答：①移动床；②流化床；③自然循环。

72. 循环流化床物料平衡的含义是指____①____与相应物料下____②____的平衡，物料的____③____与____④____的平衡和物料的____⑤____与____⑥____的平衡。

答：①物料量；②锅炉负荷；③浓度梯度；④相应负荷；⑤颗粒特性；⑥相应负荷。

73. 循环流化床锅炉受磨损的受热面有____①____、____②____、____③____和____④____。

答：①埋管；②水冷壁；③空气预热器；④省煤器。

二、判断题（在题末括号内作出记号：√表示对，×表示错）

1. 过量空气系数越大，说明送入炉内的空气量越多，对燃烧越有利。（　　）

答：×。

2. 水分的蒸发和挥发分的析出是在着火前的准备阶段完成的。（　　）

答：√。

3. 容量越大的锅炉，额定锅炉效率越高。（　　）

答：√。

4. 对于某一台锅炉，排污水量越多，锅炉的有效利用热量越多，导致锅炉效率升高。（　　）

答：×。

5. q_2、q_3、q_4 之和为最小时所对应的过量空气系数为最佳过量空气系数。（　　）

答：√。

6. 化学不完全燃烧热损失的大小主要决定于烟气中二氧化碳含量的多少。（　　）

答：×。

7. 在稳定流动的情况下，下降管侧的压差和上升管侧的压差是相等的。（　　）

答：√。

8. 汽水混合物的干度越大，上升管出口端汽水混合物中蒸汽的含量越多，循环流速越大，水循环越安全。（　　）

答：×。

9. 锅炉蒸发设备的任务是吸收燃料燃烧放出的热量，将水加热成过热蒸汽。（　　）

答：×。

10. 为了保证锅炉水循环的安全可靠，循环倍率的数值不应太大。（　　）

答：×。

11. 自然循环回路在稳定流动的情况下，循环倍率应小于界限循环倍率。（　　）

答：×。

12. 自然循环系统发生循环停滞时，循环水量为零时，水不流动。（　　）

答：×。

13. 受热较弱的上升管，容易出现循环停滞。（　　）

答：√。

14. 蒸汽中的盐分主要来源于锅炉排污水。（　　）

答：×。

15. 蒸汽溶盐具有选择性，在不同的压力下蒸汽中溶解的盐

分不同。（　　）

答：√。

16. 蒸汽清洗装置不仅能减少蒸汽的机械携带的盐分，而且能减少蒸汽的溶盐。（　　）

答：√。

17. 锅炉的补充水已经过炉外水处理，因此，汽包炉水不需再进行水处理。（　　）

答：×。

18. 锅炉受热面高温腐蚀一般有两种类型，即硫酸盐型腐蚀和硫化物腐蚀。（　　）

答：√。

19. 由于合金钢的耐热温度比碳钢的高，因此，对于中压锅炉的过热器系统全部采用合金钢。（　　）

答：×。

20. 随着锅炉容量的增加和蒸汽参数的提高，过热器吸热量占炉水总吸热量的份额也增加。（　　）

答：√。

21. 不同压力等级锅炉过热器的蒸汽流速不同，中压锅炉的蒸汽流速较高压的低。（　　）

答：×。

22. 逆流布置的过热器，温差大，传热效果好，可节省受热面积。因此，过热器都是采用逆流布置的。（　　）

答：×。

23. 锅炉连续排污地点是水冷壁下联箱，定期排污是从汽包蒸发面附近引出。（　　）

答：×。

24. 热管式空气预热器具有体积小，阻力小，防止低温腐蚀性能好等优点。因此，近年得到应用。（　　）

答：√。

25. 为防止省煤器和空气预热器的磨损，通常在其管外装设

防磨护瓦、护罩等防磨装置。（　　）

　　答：×。

　　26.尾部受热面的低温腐蚀与烟气中三氧化硫的含量有关，而与水蒸气的含量无关。（　　）

　　答：×。

　　27.烘炉过程中的炉墙升温速度不受限制。（　　）

　　答：×。

　　28.煮炉是为了清除锅炉在长时间运行过程中出现的盐垢。（　　）

　　答：×。

　　29.对经小修后重新起动的锅炉，在点火前必须进行管道的冲洗和吹扫。（　　）

　　答：×。

　　30.值班长必须在接班前30min到达班长室，查看班长交接班日志，听取交接值班长交待，了解上几班运行情况。（　　）

　　答：√。

　　31.运行记录可随时填写，规程中无具体要求。（　　）

　　答：×。

　　32.固态排渣煤粉炉越靠近炉膛出口位置，炉内温度越高。（　　）

　　答：×。

　　33.在锅炉起动过程中，若各受热面膨胀异常，应停止升压，找出原因，予以消除后，方可继续升压。（　　）

　　答：√。

　　34.锅炉起动时，需打开向空排汽门及过热器出口疏水门，以便排出过热器内的积水，保护过热器。（　　）

　　答：√。

　　35.在定期排污过程中，若220V仪表电源突然中断，排污可继续进行下去。（　　）

　　答：×。

36. 当过热器受热面本身结渣和严重积灰时，蒸汽温度降低。（　　）

答：√。

37. 在锅炉运行过程中，需经常进行二次水位计与一次水位计水位指示的校对。（　　）

答：√。

38. 烟囱冒黑烟时，说明烟气中一氧化碳含量较少，二氧化碳含量较多。（　　）

答：×。

39. 炉膛内一氧化碳的含量越高，炉内结渣的可能性越小。（　　）

答：×。

40. 当汽包压力突然下降时，饱和温度降低，使汽水混合物体积膨胀，水位很快上升，形成虚假水位。（　　）

答：√。

41. 烟道内发生再燃烧时，应彻底通风，排除烟道中沉积的可燃物，然后点火。（　　）

答：×。

42. 影响过热汽温变化的因素主要有锅炉负荷燃烧工况、风量变化、汽压变化、给水温度、减温水量等。（　　）

答：√。

43. 在锅炉运行中应经常检查锅炉承压部件有无泄漏现象。（　　）

答：√。

44. 在立式旋风炉的磷酸铝—碳化硅炉衬养护过程中，应注意防湿防潮，养护的时间视环境温度而定。（　　）

答：√。

45. 在立式旋风炉炉衬热处理过程中，既可投油升温，又可投煤升温。（　　）

答：×。

46. 一旦发现液态排渣旋风炉的二次风口结渣，应立即停炉打渣。（　　）

答：×。

47. 旋风筒内的燃料如果有足够的燃尽度，则在燃烧室内不会发生析铁现象。（　　）

答：√。

48. 通过炉排热强度的大小可确定炉排面积。（　　）

答：√。

49. 适合于链条炉的燃煤颗粒组成也适合于机械抛煤炉。（　　）

答：×。

50. 对于层燃炉，如果炉墙损坏面积较大，使炉墙表面温度升高至200℃以上时，应立即停炉。（　　）

答：√。

51. 在定期排污前，应将水位调整至低于锅炉正常水位。（　　）

答：×。

52. 随着锅炉内部压力的升高，汽包壁将承受愈来愈大的机械应力。（　　）

答：√。

53. 当燃烧室每小时所需的供热量一定时，炉排热强度越大，炉排面积也越大。（　　）

答：×。

54. 在余热锅炉点火后升温升压过程中起动链板除灰机。（　　）

答：×。

55. 余热锅炉事故紧急停炉后，为抢修需要，可即刻通过自然通风或放尽炉水冷却。（　　）

答：×。

56. 余热锅炉房用电电源的安全等级应不低于工业窑炉的用

电电源。（　　）

答：√。

57.炉内发生节涌现象时，风压波动剧烈，燃烧不稳定。
（　　）

答：√。

58.循环流化床内煤粉颗粒尺寸对炉内传热量没有影响。
（　　）

答：×。

59.对于同一种燃料，由于空隙率不同，导致颗粒密度不同。（　　）

答：×。

60.循环流化床锅炉压火备用期间，炉内料层温度可以降到
100℃以下。（　　）

答：×。

61.非机械回料阀靠回料风气力输送物料，运行中通过改变通风量来调节回料量。（　　）

答：√。

62.循环流化床锅炉当物料量与锅炉负荷之间达到平衡，锅炉就能达到额定出力。（　　）

答：×。

63.循环流化床的布风板能够合理分配一次风，使通过布风板和风帽的一次风流化物料，使之达到良好的流化状态。（　　）

答：√。

64.循环流化床锅炉的二次风输送的是氧气，播煤风输送的是气粉混合物。（　　）

答：×。

65.循环流化床锅炉通过冷态试验可检查风机、风门的严密性及吸、送风机系统有无泄漏。（　　）

答：√。

66.循环流化床锅炉管壁的磨损速度是随着壁温的变化而变

化。（　　）

答：√。

三、选择题［将正确答案的序号"（×）"写在题内横线上］

1. 固态排渣煤粉炉飞灰中灰占总灰量的份额_____炉渣中的灰占总灰量的份额。

（1）大于；（2）等于；（3）小于。

答：（1）。

2. 化学不完全燃烧热损失的大小主要决定于烟气中_____含量的多少。

（1）CO；（2）CO_2；（3）O_2。

答：（1）。

3. 自然循环系统失去自补偿能力，若增加负荷，循环流速_____，水循环不安全。

（1）增加；（2）不变；（3）减小。

答：（3）。

4. 循环倍率的倒数是_____。

（1）循环流速；（2）汽水混合物的干度；（3）界限循环倍率。

答：（2）。

5. 一组并列的蛇形管，受热较强的管子比受热较弱的管子的循环流速_____。

（1）大；（2）相等；（3）小。

答：（1）。

6. 在垂直布置的水冷壁管中出现了自由水面，则发生了_____。

（1）循环停滞；（2）循环倒流；（3）汽水分层。

答：（1）。

7. 在下降管进口装设格栅或十字板，为了消除下降管入口的_____。

（1）自汽化现象；（2）旋涡斗；（3）汽水分层。

答：(2)。

8. 随着蒸汽压力的提高，蒸汽的溶盐能力_____。

(1) 增加；(2) 不变；(3) 减小。

答：(1)。

9. 通过_____可减少炉水的含盐量。

(1) 汽水分离；(2) 蒸汽清洗；(3) 锅炉排污。

答：(3)。

10. 汽包进口挡板的作用主要是_____。

(1) 汽水分离；(2) 改变汽水混合物的流动方向；(3) 使水均匀进入汽包。

答：(1)。

11. 锅炉的给水含盐量越高，排污率_____。

(1) 越大；(2) 不变；(3) 越小。

答：(1)。

12. 中压锅炉的蒸汽流速一般为_____ m/s。

(1) 5~10；(2) 10~20；(3) 20~30。

答：(3)。

13. 高压锅炉的蒸汽流速一般为_____ m/s。

(1) 5~10；(2) 10~20；(3) 20~30。

答：(2)。

14. 烟气走廊的形成导致过热器的热偏差_____。

(1) 严重；(2) 减轻；(3) 没有影响。

答：(1)。

15. 自制冷凝水系统用于_____。

(1) 表面式减温器系统；(2) 喷水减温系统；(3) 汽—汽热交换器减温系统。

答：(2)。

16. 省煤器采用_____。

(1) 逆流布置；(2) 顺流布置；(3) 混合流布置。

答：(1)。

17. 采用_____再循环可减轻尾部受热面的低温腐蚀。

(1) 干燥剂；(2) 烟气；(3) 热风。

答：(3)。

18. 在正常运行状态下，炉水含盐量应_____临界炉水含盐量。

(1) 大于；(2) 等于；(3) 小于。

答：(3)。

19. 运行记录应_____ h 记录一次。

(1) 1；(2) 2；(3) 3。

答：(1)。

20. 锅炉点火初期是一个非常不稳定的运行阶段，为确保安全，应_____。

(1) 投入锅炉所有保护；(2) 加强监视调整；(3) 加强联系制度和监视制度。

答：(1)。

21. 在升压速度一定时，升压的前阶段和后阶段相比，汽包产生的机械应力是_____。

(1) 前阶段大；(2) 后阶段大；(3) 前后阶段一样。

答：(1)。

22. 当汽压降低时，由于饱和温度降低，使部分水蒸发，将引起炉水体积_____。

(1) 膨胀；(2) 收缩；(3) 不变。

答：(1)。

23. 燃煤中的水分增加时，将使对流过热器的吸热量_____。

(1) 增加；(2) 减少；(3) 不变。

答：(1)。

24. 在锅炉蒸发量不变的情况下，给水温度降低时，过热蒸汽温度升高，其原因是_____。

(1) 过热量增加；(2) 燃料量增加；(3) 加热量增加。

答：(2)。

25. 在一般负荷范围内，当炉膛出口过剩空气系数过大时，会造成_____。

(1) q_3 损失增大，q_4 损失增大；(2) q_3、q_4 损失降低；(3) q_3 损失降低，q_2 损失增大。

答：(3)。

26. 影响水位变化的主要因素有_____。

(1) 锅炉负荷；(2) 锅炉负荷、燃烧工况、给水压力；(3) 锅炉负荷、汽包压力、汽包水容积。

答：(2)。

27. 当过剩空气系数不变时，负荷变化，锅炉效率也随之变化，在经济负荷以下时，锅炉负荷增加，效率_____。

(1) 不变；(2) 降低；(3) 升高。

答：(3)。

28. 水冷壁受热面无论是积灰、结渣或积垢，都会使炉膛出口烟温_____。

(1) 不变；(2) 增加；(3) 减小。

答：(2)。

29. 加强水冷壁吹灰时，将使过热蒸汽温度_____。

(1) 降低；(2) 升高；(3) 不变。

答：(1)。

30. 防止空气预热器低温腐蚀的最根本的方法是_____。

(1) 炉前除硫；(2) 低氧运行；(3) 末级空气预热器采用玻璃管。

答：(1)。

31. 在锅炉蒸发量不变的情况下，给水温度降低时，过热蒸汽温度升高，其原因是（　　）。

(1) 过热热增加；(2) 燃料量增加；(3) 加热热增加。

答：(2)。

32. 在锅炉起动过程中，为了保护省煤器的安全，应_____。

(1) 正确使用省煤器的再循环装置；(2) 控制省煤器出口烟气温度；(3) 控制给水温度。

答：(1)。

33. 当火焰中心位置降低时，炉内_____。

(1) 辐射吸热量减少，过热汽温升高；

(2) 辐射吸热量增加，过热汽温降低；

(3) 辐射吸热量减少，过热汽温降低。

答：(2)。

34. 过热器前受热面长时间不吹灰或水冷壁结焦会造成（　　）。

(1) 过热汽温偏高；(2) 过热汽温偏低；(3) 水冷壁吸热量增加。

答：(1)。

35. 在外界负荷不变的情况下，燃烧减弱时，汽包水位（　　）。

(1) 上升；(2) 下降；(3) 先下降后上升。

答：(3)。

36. 过热器管损坏时，应_____。

(1) 紧急停炉；(2) 申请停炉；(3) 通知检修。

答：(1)。

37. 对于燃用挥发分较高的煤种应降低一次风温，提高一次风速，其目的是保护_____。

(1) 省煤器；(2) 过热器；(3) 燃烧器。

答：(3)。

38. 受热面酸洗后进行钝化处理的目的是_____。

(1) 在金属表面形成一层较密的磁性氧化铁保护膜；(2) 使金属表面光滑；(3) 在金属表面生成一层防磨保护层。

答：(1)。

39. 安全门的总排汽能力应_____锅炉最大连续蒸发量。

（1）大于；（2）小于；（3）等于。

答：（1）。

40. 工作票签发人、工作负责人、_____应负工作的安全责任。

（1）工作许可人；（2）车间主任；（3）负责工程师。

答：（1）。

41. 值班人员发现检修人员严重违反安全工作规程或工作票内所填写的安全措施，（　　）。

（1）制止检修人员工作，并将工作票收回；（2）批评教育；（3）汇报厂长。

答：（1）。

42. 动火工作票级别一般分为_____。

（1）一级；（2）二级；（3）三级。

答：（2）。

43. 立式旋风炉炉内温度_____灰的软化温度。

（1）低于；（2）高于；（3）等于。

答：（2）。

44. 立式旋风炉炉衬在养护阶段，其温度不应超过_____。

（1）50℃；（2）60℃；（3）70℃。

答：（2）。

45. 液态排渣旋风炉飞灰中灰占总灰量的份额_____炉渣中的灰占总灰量的份额。

（1）大于；（2）等于；（3）小于。

答：（3）。

46. 液态排渣炉炉膛下部温度_____上部温度。

（1）高于；（2）等于；（3）小于。

答：（1）。

47. 液态排渣炉炉底析铁产生的根源是_____。

（1）灰渣中含有铁的化合物；（2）粒化水箱温度过低；（3）燃尽室渣池含有很少未燃尽的碳。

答：（1）。

48. 层燃炉炉墙表面温度若升高至 200℃ 以上时，应_____。

（1）紧急停炉；（2）申请停炉；（3）通知检修。

答：（1）。

49. 层燃炉的煤层厚度一般随着锅炉负荷的增加而_____。

（1）增加；（2）不变；（3）减小。

答：（2）。

50. 若链条炉炉排被卡住，则电动机电流_____。

（1）突然增大；（2）突然减小；（3）无变化。

答：（1）。

51. 余热锅炉在起动前，主汽门_____，对空排汽门开启，过热器疏水门开启。

（1）打开；（2）关闭；（3）两者均可。

答：（2）。

52. 余热锅炉从升压到并汽应控制在_____h。

（1）1.5～2.0；（2）2.0～3.0；（3）3.0～4.0。

答：（1）。

53. 余热锅炉燃烧不稳而引起窑尾温度不正常地升高，导致锅炉严重超压时，应_____。

（1）紧急停炉；（2）申请停炉；（3）通知检修。

答：（1）。

54. 循环流化床锅炉燃用的燃料颗粒度一般在_____之间。

（1）0～50μm；（2）0～25mm；（3）0～50mm。

答：（2）。

55. 床料的当量直径增大，临界流量_____。

（1）增加；（2）减小；（3）不变。

答：（1）。

56. 床料空隙率增大，临界流量_____。

（1）增大；（2）减小；（3）不变。

答：（1）。

57. 床料的温度升高，临界流量_____。

（1）增加；（2）减小；（3）不变。

答：（2）。

58. V字形布风板中间风速_____周边风速。

（1）高于；（2）低于；（3）等于。

答：（1）。

59. 回字形布风板中间风速_____周边风速。

（1）高于；（2）低于；（3）等于。

答：（2）。

60. 小孔径风帽的开孔数_____大孔径风帽的开孔数。

（1）小于；（2）等于；（3）大于。

答：（3）。

61. 旋涡物料分离器属于_____分离器。

（1）内循环；（2）外循环；（3）夹道循环。

答：（1）。

62. 若床料颗粒直径相同，气流速度增加，流化床的料层高度_____。

（1）不变；（2）减小；（3）增加。

答：（3）。

63. 若床料颗粒直径相同，气流速度增加，流化床阻力_____。

（1）增加；（2）减小；（3）不变。

答：（3）。

64. 第一级百叶窗分离器分离效率随物料循环量的增加而_____。

(1) 增加；(2) 不变；(3) 下降。

答：(3)。

65. 循环流化床锅炉在起动初期，由_____供给燃烧所需的空气量。

(1) 一次风；(2) 二次风；(3) 播煤风。

答：(1)。

66. 循环流化床锅炉回料阀突然停止工作时，_____。

(1) 汽温、汽压急剧升高，危及正常运行；(2) 炉内物料量不足，汽温、汽压急剧降低，危及正常运行；(3) 不影响正常运行。

答：(2)。

67. 循环流化床锅炉，流化速度小于临界流化速度后，增加流化速度，料层高度_____。

(1) 增加；(2) 不变；(3) 减小。

答：(1)。

四、计算题

1. 已知某煤的收到基元素分析数据为：$C_{ar} = 60\%$，$H_{ar} = 3\%$，$O_{ar} = 5\%$，$N_{ar} = 1\%$，$S_{ar} = 1\%$，$A_{ar} = 20\%$，$M_t = 10\%$。试求 1kg 该煤燃烧所需的理论空气量 V_0。

解 $\begin{aligned} V_0 &= 0.0889(C_{ar} + 0.375S_{ar}) + 0.265H_{ar} - 0.0333O_{ar} \\ &= 0.0889 \times (60 + 0.375 \times 1) + 0.265 \times 3 - 0.0333 \times 5 \\ &= 5.9958 (\text{m}^3/\text{kg}) \end{aligned}$

答：该煤的理论空气量为 5.9958 m^3/kg。

2. 已知煤的收到基成分为：$C_{ar} = 56.22\%$，$H_{ar} = 3.15\%$，$O_{ar} = 2.74\%$，$N_{ar} = 0.88\%$，$S_{ar} = 4\%$，$A_{ar} = 26\%$，$M_{ar} = 7\%$。试计算其高、低位发热量。

解 $\begin{aligned} Q_{ar,gr} &= [81C_{ar} + 300H_{ar} - 26(O_{ar} - S_{ar})] \times 4.1816 \\ &= [81 \times 56.22 + 300 \times 3.15 - 26(2.74 - 4)] \\ &\quad \times 4.1816 \\ &= 23130.9 (\text{kJ/kg}) \end{aligned}$

$$Q_{ar,net} = \left[Q_{ar \cdot gr} - (54H_{ar} + 6M_{ar}) \right] \times 4.1816$$
$$= 23130.9 - (54 \times 3.15 + 6 \times 7) \times 4.1816$$
$$= 22244 \ (kJ/kg)$$

答：该煤收到基高位发热量为 23130.9kJ/kg。低位发热量为 22244kJ/kg。

3. 某锅炉炉水含盐量是 400mg/kg，给水的含盐量为 3.96mg/kg，忽略蒸汽带走的含盐量，求此锅炉的排污量。已知 $S_{ls} = 400mg/kg$，$S_{gs} = 3.96mg/kg$。

解 根据 $P = \dfrac{S_{gs} - S_q}{S_{ls} - S_{gs}} \times 100\%$

$\because$ S_q 很小，可忽略不计

$\therefore$ $P = \dfrac{S_{gs}}{S_{ls} - S_{gs}} \times 100\%$

$= \dfrac{3.96}{400 - 3.96} \times 100\% \approx 1\%$

答：此锅炉的排污率为 1%。

4. 某锅炉干度 x 为 0.25，求此锅炉的循环倍率。

解 $K = 1/x = 1/0.25 = 4$

答：此锅炉的循环倍率为 4。

5. 某热电厂供电煤耗 $b = 373g/kWh$，厂用电率 $\rho = 7.6\%$，汽轮发电机组热耗为 $q = 9199.52kJ/kWh$，不计算管道阻力损失，试计算该热电厂总效率、发电煤耗及锅炉毛效率。

解 （1）热电厂总效率

$\eta = 3600/(4.1816 \times 7000b) = 3600/(4.1816 \times 7000 \times 0.373)$
$= 0.3297 \approx 33\%$

（2）该热电厂发电煤耗

$b_f = b_g(1 - \rho) = 373 \times (1 - 0.076) = 344.65(g/kWh)$

（3）锅炉效率

$\eta = q/(4.1816 \times 7000b_f) = 9199.52/(4.1816 \times 7000 \times 0.34465)$
$= 91.2(\%)$

答：发电厂总效率为 33%，发电煤耗 344.65g/kWh，锅炉

效率为 91.2%。

五、问答题

1. 为何要研究锅炉的热平衡?

答: 通过对锅炉热平衡的计算分析,可以确定锅炉有效利用热量、各种热损失、锅炉热效率和燃料消耗量的大小,找出降低热损失、提高锅炉运行经济性的途径。因此,锅炉热平衡研究是节能的一项基础工作,对于降低锅炉能耗有很大的现实意义。

2. 如何提高锅炉热效率?

答: 提高锅炉热效率就是增加有效利用热量,减少锅炉各项热损失,其中重点是降低锅炉排烟热损失和机械未完全燃烧损失。

(1) 降低锅炉排烟热损失。

1) 降低空气预热器的漏风率。

2) 严格控制锅炉水质指标,当水冷壁管内含垢量达到 $400mg/m^2$ 时,应及时酸洗。

3) 尽量燃用含硫量低的优质煤,降低空气预热器入口空气温度。

(2) 降低机械未完全燃烧热损失。

1) 根据锅炉负荷及时间调整燃烧工况,合理配风,尽可能降低炉膛火焰中心位置,让煤粉在炉膛内充分燃烧。

2) 根据原煤挥发分及时调整粗粉分离器调整挡板,使煤粉细度维持最佳值。

(3) 降低锅炉的散热损失,主要加强锅炉管道及本体保温层的维护和检修,按有关标准进行验收。

3. 何谓锅炉净效率?

答: 锅炉净效率是指锅炉热效率扣除锅炉机组自用电耗折算的热损失和锅炉本身消耗的热能之后的效率数值,即

$$\eta_j = \eta - \Delta\eta \quad (\%)$$

式中　$\Delta\eta$——自用汽水及电能折算成热量后占输入锅炉热量的
百分数,%;

η——锅炉热效率，%；

η_j——锅炉净效率，%。

锅炉的净效率更能反映锅炉的经济性，锅炉运行中应致力于提高锅炉的净效率。

4. 如何提高锅炉的净效率？

答：从锅炉净效率的概念可知，要提高锅炉的净效率，既要提高锅炉的热效率，又要降低锅炉的自用能耗（热能和电能的消耗）。锅炉耗用的蒸汽量包括辅助蒸汽、吹灰份汽、暖风器的耗汽量等。如果排污热量不能回收，也是消耗能量的一部分。因此，要降低自用蒸汽，回收其他余热。锅炉耗用的电能，包括送、吸风机，一次风机，制粉系统或油泵等辅助设备的耗电量。为此，对以下一些影响厂用电的主要因素应当引起足够的重视：

（1）在保证燃烧的情况下，尽量降低过量空气系数，降低烟、风道和燃烧器的阻力，从而降低风机的电耗。

（2）尽量降低给水泵耗电量和耗汽量，合理使用给水泵，改进运行方式，减小给水管道阻力。

（3）努力提高风机和给水泵的效率。

5. 煤粉为什么有爆炸的可能性？

答：因为煤粉很细，相对表面积很大，能吸附大量空气，随时都在进行着氧化。氧化放热使煤粉温度升高，氧化加强。如果散热条件不良，煤粉温度升高一定程度后，即可能自燃爆炸。

6. 煤粉的爆炸性主要与哪些因素有关？

答：（1）挥发分含量。挥发分 V_{daf} 高，产生爆炸的可能性大，而对于 $V_{daf} < 10\%$ 的无烟煤，一般可不考虑其爆炸性。

（2）煤粉细度。煤粉越细，爆炸危险性就越大。对于烟煤，当煤粉粒径大于 $100\mu m$ 时，几乎不会发生爆炸。

（3）气粉混合物浓度。危险浓度为 $1.2 \sim 2.0 kg/m^3$。在运行中，从便于煤粉输送及点燃考虑，一般还较难避开引起爆炸的浓度范围。

（4）煤粉沉积。制粉系统中的煤粉沉积，往往会因逐渐自燃而成为引爆的火源。

（5）气粉混合物中的氧气浓度。浓度高，爆炸危险性大。在燃用挥发份高的褐煤时，往往引入一部分炉烟干燥剂，也是防止爆炸的措施之一。

（6）气粉混合物流速。流速低，煤粉有可能沉积；流速过高，可能引起静电火花，所以气粉混合物过高、过低对防爆都不利。一般气粉混合物流速控制为 16 ~ 30m/s。

（7）气粉混合物温度。温度高，爆炸危险性大。因此，运行中应根据挥发份高低，严格控制磨煤机出口温度。

（8）煤粉水分。过于干燥的煤粉爆炸危险性大。煤粉水分要根据挥发份、煤粉储存与输送的可靠性以及燃烧的经济性综合考虑确定。

7. 如何防止循环停滞和循环倒流？

答：（1）将水冷壁分成若干个独立的循环回路，把受热面相近的上升管组合在同一回路中，由于同一回路的上升管的受热情况比较接近，故产生循环停滞和循环倒流的可能性减小。

（2）上升管和上联箱的汽水混合物引出管尽量引入汽包的水空间，引入汽空间会使循环停滞和发生自由水面的可能性增加。

（3）降低循环回路的阻力，以保证一定的循环流速。

8. 简述蒸汽清洗过程。

答：蒸汽清洗就是使从机械分离出来的蒸汽，与清洗水相接触，从而得到清洗。因为在任何情况下清洗水的含盐量均远小于炉水含盐量，当溶解于蒸汽中的盐分在与含盐量低的水接触时，便会迅速发生物质的扩散过程，使蒸汽中溶解的盐分扩散到清洗水中去，同时又能使蒸汽携带的水滴中的盐分扩散到清洗水中去。因此，蒸汽清洗既能降低蒸汽的溶解盐分，又能降低机械携带。

9. 造成受热面热偏差的基本原因是什么？

答：造成受热面热偏差的基本原因是吸热不均和流量不均两个方面。

（1）吸热不均方面：

1）沿炉宽方向烟气温度、烟气流速不一致，导致不同位置的管子吸热情况不一样；

2）火焰在炉内充满程度差，或火焰中心偏斜；

3）受热面局部结渣或积灰，会使管子之间的吸热严重不均；

4）对流过热器或再热器，由于管子节距差别过大，或检修时割掉个别管子而未修复，形成烟气"走廊"，使其邻近的管子吸热量增多。

（2）流量不均方面：

1）并列的管子，由于管子的实际内径不一致（管子压扁、焊缝处突出的焊瘤、杂物堵塞等），长度不一致，形状不一致（如弯头角度和弯头数量不一样），造成并列各管的流动阻力大小不一样，使流量不均；

2）联箱与引进出管的连接方式不同，引起并列管子两端压差不一样，造成流量不均。

10. 简述热管式空气预热器的工作原理。

答：将钢管抽成真空并充入适量水密封。当烟气对其一端加热时，水吸热而汽化，蒸汽在压差作用下高速流向另一端，并向冷源（如空气）放出汽化潜热而凝结，凝结后的水在重力作用下从冷端流回热端重新被加热。如此重复下去，便可把烟气的热量不断地通过管壁从烟气侧传给空气，使冷空气变为热空气。

11. 简述弹簧式安全门的工作原理。

答：利用弹簧的作用力将阀芯压紧在阀座上，汽压低于规定值时，蒸汽的作用力低于弹簧的作用力，使阀门处于关闭状态。当汽压升到超过规定值，阀芯下面受到蒸汽作用力超过阀芯上面所受到的弹簧作用力时，阀芯被顶开，排出蒸汽，使汽压下降。利用调整螺丝改变弹簧对阀芯的作用力，即可调整开启压力值的大小。

12. 说明直流喷燃器炉膛四角布置形成假想切圆燃烧方式的特点。

答：假想切圆燃烧方式就是由四组喷燃器喷出四股气流在炉膛中心形成一个切圆。

从喷燃器喷出的煤粉气流经过炉膛中部时，碳已大部分燃烧生成了烟气，有一部分高温烟气直接补充到相邻喷燃器的根部的着火区，加热相邻喷燃器喷出的燃料，因此这种燃烧方式的着火条件较好。

假想切圆燃烧方式，火焰集中在炉膛中心，形成一个高温火球，炉膛中心温度高，而且气流在炉膛中心强烈旋转，煤粉与空气混合较充分。气流一边旋转，一边上升，旋转的力量逐渐减弱。所以，这种燃烧方式后期混合也较好。直流喷燃器，通常都是采用这种燃烧方式。

13. 电站锅炉内部检验的目的是什么？

答：（1）定期地有计划地对锅炉及其附属设备进行预防性的检验，可及时发现锅炉及其附属设备在制造和安装过程中所遗留的缺陷，及早消除。

（2）由于锅炉受压部件积灰、积垢和磨损、腐蚀、老化等影响，必然会出现不同程度的损坏。因此，及时地进行锅炉内部检验，发现和排除设备存在的缺陷，消除潜在的事故隐患，以确保锅炉机组的安全运行。

14. 电站锅炉外部检验的目的是什么？

（1）通过检查锅炉的运行管理工件，确认是否满足锅炉安全运行的需要，从而不断地提高运行管理水平。

（2）检查和了解运行人员的持证上岗情况及安全操作能力，提高安全运行水平。

（3）宏观检验锅炉的运行状态，发现及消除其运行异常情况和不安全因素，确保锅炉在正常状态下运行。

（4）通过对管理、人员、设备等方面的综合检查和检验，发现不安全因素，消除事故隐患，弥补内部检验时，不能发现的问题，与内部检验互补，从而保证锅炉的安全运行。

15. 在锅炉起动过程中应注意监视哪些部位的热膨胀指示？

答：在锅炉起动过程中，由于各部件温度不断升高而产生热膨胀，如果这种热膨胀受到阻碍，将在金属内产生过大的热应力，使设备产生弯曲变形，甚至损坏。由于水冷壁管、联箱、汽包的长度较长，而且温度较高，其热膨胀值较大。因此，在锅炉起动过程中应特别注意监视水冷壁、汽包、联箱和管道的热膨胀情况，定期检查和记录这些部位的膨胀指示器指示值。例如，发现膨胀有异常情况，应暂停升压，查明原因，及时处理，待膨胀正常后，再继续升压。

当水冷壁管及联箱因受热不同而产生不均匀膨胀时，应加强膨胀量小的水冷壁回路的放水，促使各部位膨胀均匀。

16. 锅炉起动过程中要做哪些定期工作？

答：（1）关闭空气门。

（2）冲洗水位计。

（3）冲洗仪表导管。

（4）定期排污。

（5）热紧螺丝。

（6）对锅炉机组进行全面检查，特别注意检查各部位膨胀指示值是否正常。

（7）主蒸汽管道暖管。

（8）连续排污。

（9）安全门检验，如果安全门进行过检修，则在并汽前还需进行安全门校验工作。

17. 试述连锁保护试验如何进行？

答：（1）准备工作：

1）同电气、热工联系，送上操作电源。

2）填写好试验操作票。

3）将连锁解列。

（2）试验程序：

1）连锁解列时，各辅机能任意起动。

2）连锁投入时，逆程序起动应拒动。

3）联动投入时，按程序起动应正常。

4）连锁投入时，按程序起动应正常。

5）联动投入时，违反程序停止，应掉该辅机以下设备的各风门挡板，轻油电磁速断阀等相应动作。

6）试验时应自下而上、由局部到整体、按甲、乙、丙、丁顺序进行，最后试验引风机掉大闸连锁。

（3）按各厂具体锅炉的运行规程完成连锁试验，并做各转动机械事故按钮静态停机试验。

18. 什么是滑参数启动？

答：滑参数启动是锅炉、汽轮机的联合启动，或称整套启动。它是将锅炉的升压过程与汽轮机的暖管、暖机、冲转、升速、并网、带负荷平行进行的启动方式。启动过程中，随着锅炉参数的逐渐升高，汽轮机负荷也逐渐增加，待锅炉出口蒸汽参数达到额定值时，汽轮机也达到额定负荷或预定负荷，锅炉、汽轮机同时完成启动过程。

19. 滑参数启动有哪两种基本方法？其特点怎样？

答：滑参数启动有真空法和压力法两种基本方法，其特点分别如下。

（1）真空法。启动前从锅炉到汽轮机的管道上的阀门全部打开，疏水门、空气门全部关闭。投入抽气器，使由汽包到凝汽器的空间全处于真空状态。锅炉点火后，一有蒸汽产生，蒸汽即通过过热器、管道进入汽轮机，进行暖管、暖机。当汽压达到 0.1MPa（表压）时，汽轮机即可冲转。当汽压达到 0.6~1.0MPa（表压）时，汽轮机达额定转速，可并网开始带负荷。

（2）压力法。锅炉先点火升压，一般是汽压达 0.5~1.0MPa（表压）时开始冲转，以后随着蒸汽压力、温度逐渐升高，汽轮机达到全速、并网、带负荷，直到达到额定负荷。

20. 锅炉启动过程中，汽包上、下壁温差是如何产生的？

答：在启动过程中，汽包壁是从工质吸热，温度逐渐升高。启动初期，锅炉水循环尚未正常建立，汽包中的水处于不流动状态，对汽包壁的对流换热系数很小，即加热很缓慢。汽包上部与饱和蒸汽接触，在压力升高的过程中，贴壁的部分蒸汽将会凝结，对汽包壁属凝结放热，其对流换热系数要比下部的水高出好多倍。当压力上升时，汽包的上壁能较快的接近对应压力下的饱和温度，而下壁则升温很慢。这样就形成了汽包上壁温度高、下壁温度低的状况。锅炉升压速度越快，上、下壁温差越大。

21. 何谓热电厂的汽水损失？如何计算？

答：热电厂中存在着蒸汽和凝结水的损失，简称汽水损失。汽水损失是全厂性的技术经济指标。它主要是指阀门泄漏、管道泄漏、疏水、排汽等损失。

汽水损失可用汽水损失率来表示，即

$$汽水损失率 = \frac{全厂汽水损失}{全厂锅炉过热蒸汽流量} \times 100\%$$

22. 热电厂内部的汽水损失包括哪些？

答：热电厂内部的汽水损失包括以下几方面。

（1）主机和辅机的自用蒸汽消耗，如锅炉受热面的吹灰、重油加热用汽、重油油轮的雾化蒸汽、汽轮机启动抽汽器、轴封外漏蒸汽等；

（2）热力设备、管道及其附件连接处的不严所造成的汽水泄漏；

（3）热力设备在检修和停运时的放气和放水等；

（4）经常性和暂时性的汽水损失，如锅炉连续排污、定排罐开口水箱的蒸发、除氧器的排汽、锅炉安全门动作，以及化学监督所需的汽水取样等；

（5）热力设备启动时用汽或排汽，如锅炉启动时的排汽、主蒸汽管道和汽轮机启动时的暖管、暖机等。

23. 如何降低热电厂的汽水损失？

答：降低热电厂的汽水损失有以下几方面：

（1）提高检修质量，加强堵漏、消漏，压力管道的连续尽量采用焊接，以减少泄漏；

（2）采用完善的疏水系统，按疏水品质分级回收；

（3）减少主机、辅机的启停次数，减少启停中的汽水损失；

（4）降低排污量，减少凝汽器的泄漏。

24. 锅炉结焦有哪些危害，如何防止？

答： 锅炉结焦的危害主要有以下几方面：

（1）引起汽温偏高；

（2）破坏水循环；

（3）增大了排烟损失；

（4）使锅炉出力降低。

防止锅炉结焦的措施有：在运行上要合理调整燃烧，使炉内火焰分布均匀，火焰中心保持适当位置；保证适当的过剩空气量，防止缺氧燃烧；发现积灰和结焦时应及时清除；避免超出力运行；提高检修质量；保证燃烧器安装正确；锅炉严密性要好，并及时针对锅炉设备不合理的地方进行改进。

25. 在手动调节给水量时，给水量为何不宜猛增或猛减？

答： 手动调节给水量的准确性较差，故要求均匀缓慢调节，而不宜猛增、猛减的大幅度调节。若大幅度调节给水量，会引起汽包水位的反复波动。例如，发现汽包水位低时，即猛增给水，由于调节幅度太大，在水位恢复后，接着又出现高水位，不得不重新减小给水，使水位反复波动。另外，给水量变动过大，将会引起省煤器管壁温度反复变化，使管壁金属产生交主应力，时间长久之后，会导致省煤器焊口漏水。

26. 燃烧调节的主要任务是什么？

答： 燃烧调节的主要任务是：

（1）在保证蒸汽品质及维持必要的蒸汽参数的前提下，满足外界负荷变化对蒸汽的需要量。

（2）合理地控制风、粉比例，使燃料能稳定地着火和良好地燃烧，减小各项不完全燃烧热损失，提高锅炉热效率。

（3）维持适当的火焰中心位置，火焰在炉内充满程度应好，防止燃烧器烧坏、炉膛结渣以及过热器管壁超温，蒸汽偏差不大于 30℃，烟温偏差不大于 50℃。

27. 运行过程中如何调节给煤量？

答：锅炉负荷变化时，必须及时调节给煤量。给煤量的调节方式与负荷变化幅度的大小、制粉系统型式等有关。

（1）对于具有中间储仓式制粉系统的锅炉：当负荷变化幅度不大时，可通过改变给粉机的给粉量及改变进入磨煤机的风量来调节进入炉膛的燃料量。当负荷变化幅度较大时，就要通过改变给粉机投、停台数来改变进入炉膛的燃料量。

（2）对于具有直吹式制粉系统的锅炉：当负荷变化较小时可改变给煤机转速来调整燃烧，当负荷变化较大时，就需要启动或停止一台磨煤机及相应的制粉系统。

28. 锅炉低负荷运行时应注意什么？

答：（1）应尽可能燃用挥发分较高的煤。若燃烧不稳时，应投入点火油枪助燃，以防止可能出现灭火。

（2）投入的燃烧器应较均匀，燃烧器数量也不宜太少。

（3）增减负荷的速度应缓慢，并及时调整风量。维持一次风压的稳定，燃烧器的投入与停用操作应投入油枪助燃，以防止调整风量时灭火。

（4）启、停制粉系统及冲灰时，各岗位应密切配合，并谨慎、缓慢地操作，防止大量空气漏入炉内。

（5）要尽量少用减温水，但也不宜将减温门关死。

（6）由于低负荷运行时，排烟温度低，低温腐蚀的可能性增大。为此，应投入暖风器或热风再循环。

29. 锅炉停炉过程中，汽包上、下壁温差是如何产生的？

答：锅炉停炉过程中，蒸汽压力逐渐降低，温度逐渐下降，汽包壁是靠内部工质的冷却而逐渐降温的。压力下降时，饱和温度也降低，与汽包上壁接触的是饱和蒸汽，受汽包壁的加热，形成一层微过热的蒸汽，其对流热换系数小，即对汽包壁的冷却效果很差，汽包壁温下降缓慢。与汽包下壁接触的是饱和水，在压力下降时，因饱和温度下降而自行汽化一部分蒸汽，使水很快达到新的压力下的饱和温度，其对流换热系数高，冷却效果好，汽包下壁能很快接近新的饱和温度。这样，和启动过程相同，出现汽包上壁温度高于下壁的现象。压力越低，降压速度越快，这种温差就越明显。

30. 在停炉的过程中，怎样减小汽包的上、下壁温差?

答: 在停炉过程中，汽包上、下壁温差的控制标准为不大于50℃，为使上、下壁温差不超限，一般采取如下措施:

(1) 严格按降压曲线控制降压速度;

(2) 采用滑参数停炉。

31. 过热器管损坏的原因有哪些?

答: (1) 燃烧调整不当，火焰中心偏斜或过长，使部分过热器管长期超温。

(2) 过热器管产生高温腐蚀，使管壁变薄而损坏。

(3) 由于蒸汽品质不合格，过热器管内结垢，导致过热而损坏。

(4) 在锅炉起动、停炉过程中燃烧调整不当，导致过热器超温。

(5) 水冷壁部分结焦或过热器部分堵灰，使局部烟温升高，流速加快，造成个别过热器管超温而损坏。

(6) 吹灰器安装、检修不良，吹灰角度不正确，吹损过热器管。

(7) 设计不合理，制造有缺陷，安装、检修不良，管材不符合要求等都会引起过热器管损坏。

32. 过热器管损坏如何处理?

答: 若过热器管损坏不严重时，为避免用户停电，可允许短时间维持运行，但应降低锅炉负荷，维持汽温、汽压的稳定，注意观察损坏情况和发展程度，并提出申请停炉，以免事故扩大。

若过热器损坏严重，不能维持正常运行时，应紧急停炉。

33. 说明硫酸盐型高温腐蚀的机理。

答: 在锅炉运行中，金属壁与氧作用生成一层很薄的 Fe_2O_3

保护膜。当燃煤中含有较多的硫及灰分中含有较多的碱金属化合物时，在高温火焰中，这些碱类物质发生挥发呈气态进入烟气中，碰到管壁时又会凝结在管壁外面，与扩散进来的 SO_3 在适当的温度条件下化合成碱金属硫酸盐。碱金属硫酸盐与 Fe_2O_3 和扩散进来的 SO_3 一起反应生成焦硫酸盐。焦硫酸盐不稳定，达到一定温度时分解成 SO_3、硫酸盐和 Fe_2O_3。SO_3 和硫酸盐又与新的 Fe_2O_3 重新发生反应。这样周而复始，不断地破坏 Fe_2O_3 保护膜，金属壁逐渐腐蚀而变薄。

34. 安全阀校验的原则是什么？

答： 安全阀校验的原则是：

（1）锅炉大修后，或安全阀部件检修后，均应对安全阀定值进行校验。

（2）安全阀校验的顺序，应先高压，后低压，先主蒸汽侧，后进行再热蒸汽侧，依次对汽包、过热器出口、再热器进、出口安全阀逐一进行校验。

（3）安全阀校验，一般应在汽轮发电机组未启动前或解列后进行。

35. 安全阀校验时应具备的条件是什么？

答： 安全阀校验时应具备的条件是：

（1）化学制水车间储存一定的除盐水量。

（2）锅炉汽包水位极低、极高保护退出外（防止安全门起座后，汽包水位极高、极低保护动作，锅炉灭火，需重新进行锅炉点火吹扫程序），其他保护均应投入。

（3）现场通信联络设施齐全。

（4）现场就地压力表应更换标准压力表，校验时需要经常与主控室内压力表进行核对。

（5）准备好校验工具、扳手、手锤、螺丝刀、压安全阀的压板或安全阀箍口专用工具等。

36. 安全阀校验的过程怎样？

答： 安全阀校验过程如下：

（1）锅炉点火前炉膛吹扫，炉膛吹扫的通风量应大于25%额定风量，吹扫时间不少于5min。

（2）锅炉点火、升压。

（3）锅炉升温升压过程中，按正常升温升压速度。

汽包下壁温度上升速度为0.5～1℃/min。

汽包壁上、下温差不超过50℃。

两侧蒸汽温差不大于30℃，两侧烟气温差不大于50℃。

（4）承压部件经检修后，应在蒸汽压力0.5MPa时热紧螺丝，此间蒸汽压力应保持稳定。

（5）当锅炉压力升到额定工作压力时，应对锅炉进行一次全面的严密性检查，同时尽量开大过热器对空排汽阀开度。

（6）当锅炉压力接近安全阀动作压力时，采用逐渐关小过热器对空排汽阀开度升压，使其安全阀动作（记录安全阀动作压力）。在安全阀调整过程中，安全阀起座压力偏离定值时，对脉冲式安全阀应调整脉冲安全阀的重锤位置，若是弹簧安全阀和弹簧式脉冲安全阀，则调整弹簧的调整螺母，使其在规定的动作压力下动作。

（7）迅速减少锅炉热负荷，同时开大过热器的对空排汽阀，或根据制造厂要求灭火停炉，降低锅炉汽压，使安全阀回座（记录安全阀回座压力）。

（8）将安全阀起座压力和回座压力记录在运行日程上。

37. 安全阀校验过程中都有哪些有关规定？

答： 安全阀校验过程中有以下规定：

（1）汽包和过热器上，所装全部安全阀排放量的总和应大于锅炉最大连续蒸发量；

（2）当锅炉上所有安全阀均全开时，锅炉的超压幅度，在任何情况下均不得大于锅炉设计压力的6%；

（3）再热器进、出口安全阀的总排放应大于再热器的最大设计流量；

（4）安全阀的回座压差，一般应为起座压力的4%～7%，最大不得超过起座压力的 10%。

38. 论述转动机械滚动轴承发热原因。

答： 转动机械滚动轴承发热原因主要有以下几方面。

（1）轴承内缺油。

（2）轴承内加油过多，或油质过稠。

（3）轴承内油脏污，混入了小颗粒杂质。

（4）转动机械轴弯曲。

（5）传动装置校正不正确，如对轮偏心，传动带过紧，使轴承受到的压力增大，摩擦力增加。

（6）轴承端盖或轴承安装不好，配合得太紧或太松。

（7）轴电流的影响，由于电动机制造上的原因，磁路不对称，在轴上感应了轴电流，而引起涡流发热。

（8）冷却水温度高，或冷却水管堵塞流量不足，冷却水流量中断等。

39. 论述转动机械试运基本要求。

答： 转动机械试运基本要求如下。

（1）确认旋转方向正确。

（2）新安装的转动机械，启动后连续时间不少于 8h，大小修的转动机械不少于 30min。

（3）转动机械启动后，逐渐增加负荷达到额定（以额定电流值为准）。风机转动时应保持炉膛负压，不应带负荷启动，对泵转动机械，不应在空负荷下启动和运行。

（4）给粉机、给煤机、螺旋输粉机不应带负荷试转，要预先将入口进料插板关闭严密。

（5）初次启动钢球磨煤机，大罐内不应加钢球，试转正常后方可加钢球。

（6）滚动轴承温度不超过 80℃，滑动轴承温度不超过 70℃。

（7）轴承振动值满足要求。

（8）窜轴值不超过 4mm。

40. 论述选择润滑油（脂）的依据。

答：选择润滑油（脂）的依据有以下几方面：

（1）负荷大时，应选用黏度大或油性、挤压性好的润滑油。负荷小时应选用黏度小的润滑油。间歇性的或冲击力较大的机械运动，容易破坏油膜，应选用黏度较大或挤压性较好的润滑油，或用这种润滑油制成的针入度较小的润滑脂。

（2）速度高时，需选用黏度较小的润滑油，或用黏度较大的润滑油制成的润滑脂。反之，则用黏度较大的润滑油或用黏度较大的润滑油制成的润滑脂。

（3）在高温条件下，应选用黏度较大、闪点较高、油性好以及氧化安定性好的润滑油，或用热安定性好的基础油和调化剂制成的滴点较高的润滑脂。在低温条件下，应选用黏度较小、凝点低润滑油，或用这种油制成的低温性能较好的润滑脂。温度变化大的摩擦部位，应选用黏温性能较好的润滑油或使用温度范围较宽的润滑脂（如锂基脂）。

（4）在潮湿的工作环境里，或有与水接触较多的工作条件下，应选用抗乳化性能较强的油性、防锈性能较好的润滑油（脂），不能选用钠基脂。

（5）摩擦表面粗糙时，要求使用黏度较大或针入度较小的润滑油（脂），反之应选用黏度较小或针入度较大的润滑油（脂）。

（6）摩擦表面位置，在垂直导轨、丝杠上润滑油容易流失，应选用黏度较大的润滑油，立式轴承宜选用润滑脂，这样可以减少流失，保持润滑。

（7）润滑方式，在循环润滑系统中，要求换油周期长、散热快，应选用黏度较小，抗泡沫性和抗氧化安定性较好的润滑油。在飞溅及油雾润滑系统中，为减轻润滑油的氧化作用，应选用加有抗氧抗泡添加剂的润滑油。在集中润滑系统中，为便于输送，应选用低稠度的 1 号或 0 号润滑脂。

41. 液态排渣旋风炉锅炉灭火有哪几种形式？

答：锅炉灭火有三种形式，即：①前置炉灭火，二次室不灭；②前置炉上部灭火，下部着火；③前置炉和二次室全部灭火。

42. 前置炉灭火而二次室燃烧旺盛的现象是什么？

答：（1）汽温异常升高，汽压下降缓慢。

（2）一、二次风压摆动幅度增大。

（3）前置炉正压减小，或成负压。

（4）渣井发暗。

43. 链条炉所燃用的燃料应满足什么条件？

答：（1）收到基水分 $W_{ar} < 20\%$。

（2）干燥基灰分 $A_{ar} < 20\%$。

（3）灰的熔点温度 $t_3 > 1200℃$。

（4）没有强烈黏性和碎裂成粉末的性质。

（5）颗粒适当：

烟煤：最大颗粒粒径不超过 40mm，6mm 以下粉末含量不超过 15%；

无烟煤：最大颗粒粒径不超过 35mm，煤末不超过 10%。

44. 层燃炉中的二次风有何作用？

答：（1）促进炉内气流的扰动，造成强烈旋转，使可燃气体与空气充分混合，从而使未完全燃烧损失及过量空气系数均能得以降低。

（2）延长气流的流程，使可燃物在炉内有较长的停留时间。

（3）由于二次风具有旋涡分离作用，烟气中的碳粒得以分离而沉落到火床上，减少了受热面的飞灰磨损。

（4）将高温烟气引入炉排前端，有利于着火。

45. 画图说明层燃炉燃料层内的温度分布。

答：燃料层内各层的温度是随着各层不同的反应而不同。一次风自下而上流经炉排和灰渣层，炉排和灰渣层被冷却，同时一次风则被加热。进入氧化层时，由于碳被氧化而放热，所以氧化层温度急剧升高。当二氧化碳进入还原层内被还原时，要消耗热量，因而在还原层温度低，而且越向上温度越低。燃料层的最高温度相对于二氧化碳含量最大含量处，如图 3 – 6 所示。

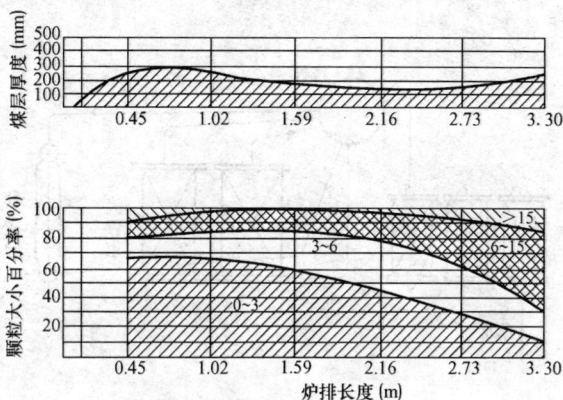

图 3 – 6　燃料层内温度的分布

46. 链条炉燃烧室炉墙及吊碹损坏的现象怎样？应如何处理？

答： 损坏现象：

（1）炉外空气进入炉内，使烟气中的二氧化碳含量降低，含氧量升高，燃烧室变正压。

（2）锅炉支架或墙皮发热，甚至烧红。

（3）灰渣斗内有砖块。

处理方法：

（1）若锅炉钢架、空心梁烧红，炉墙有倒塌危险时，应紧急停炉，并组织人力抢修。

（2）若损坏面积不大，损坏程度不严重时，可降负荷，短时间运行。

（3）若损坏面积较大，炉墙表面温度达 200℃以上时，应紧急停炉。

47. 画图说明余热锅炉自然水循环系统的组成。

答： 在余热锅炉中给水由省煤器进入汽包，从汽包进入下降管，流进对流管束产生汽水混合物再进入汽包，组成自然水循环系统。而汽包、下降管、防灰管组成另一路自然循环系统，如图

3 - 7 所示。

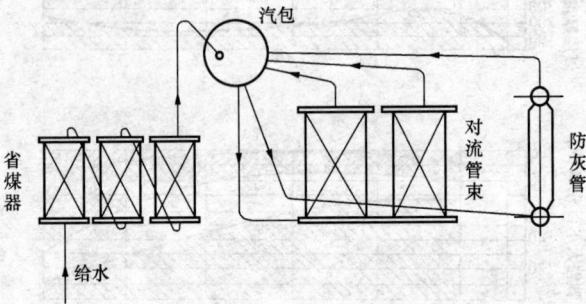

图 3 - 7　余热锅炉自然水循环系统图

48.余热锅炉在什么情况下应紧急停炉?

答:(1)严重缺水、严重满水。

(2)炉管爆破不能维持正常水位时。

(3)炉墙倒塌,钢架烧红,危及锅炉安全运行时。

(4)所有水位表、安全阀、压力表有一项全部失灵时。

(5)窑炉燃烧不稳而引起窑尾温度不正常升高,导致锅炉严重超压时。

(6)工业窑炉发生事故,威胁余热锅炉安全运行时。

49.余热锅炉运行中,例行的日常工作包括哪些?

答:对运行工况的监视及对进行参数的调节、巡视检查、记录抄表、吹灰、清渣、排污、冲洗水位计、取样化验、交接班等。

50.循环流化床锅炉的布风板有何作用?

答:(1)支承炉内物料。

(2)合理分配一次风,使通过布风板及风帽的一次风流化物料,使物料达到良好的流化状态。

51.物料循环系统必须具备的条件是什么?

答:(1)保证物料高效分离。

(2)稳定回料。

（3）防止炉内烟气由回料系统窜入分离器。

（4）回料量应连续并可调。

52. 循环流化床内为何会产生沟流现象？

答：（1）运行中一次风速太低，未达到设计要求。

（2）料层太薄，或严重不均，或炉床内结焦。

（3）给煤太湿，播煤风、回料风调整不合理，造成在给粉口下或回料口处形成堆积现象。

（4）布风板设计不合理，风帽数太少，节距太大。

53. 说明影响循环流化床炉内传热系数大小的因素。

答：（1）床温的影响。炉内总的传热系数是随着床温的升高而增大。

（2）物料浓度的影响。物料浓度越大，单位时间内传给管壁的热量越多，炉内传热系数越大。

（3）循环倍率的影响。物料循环倍率越大，返送回床内的物料越多，床内物料量越大。

（4）流化速度的影响。在其他影响因素不变的情况下，流化速度对传热的影响很小。

（5）颗粒尺寸的影响。对较短的受热面，颗粒尺寸对传热系数有影响；而对于较长的受热面，颗粒尺寸对传热的影响不显著。

54. 简述异型槽钢分离器的工作原理。

答：异型槽钢件错列倾斜布置，当物料随烟气上升进入分离器，由于烟气和物料密度不同，惯性不同，流动方向改变，一部分物料与烟气分离，而另一部分细小颗粒随烟气从第一排异型槽钢缝隙继续上升进入第二排槽钢中再分离。

55. 回料立管的作用是什么？

答：输送物料，密封回料系统，产生一定的压头防止回料风或炉膛烟气从分离器下部进入，与回料阀配合使物料能够由低压向高压（炉膛）处连续稳定地输送。

56. 循环流化床锅炉运行调节的主要参数有哪些？

答：给煤量，一次风量，一、二次风的分配，风室静压，沸腾料层的温度，物料回送量，回料风等。

57. 造成循环流化床锅炉物料流化不良，回料系统发生堵塞的原因有哪些？

答：（1）回料阀下部风室落入冷灰，使流通面积减小。

（2）风帽小孔被灰渣堵塞，造成通风不良。

（3）风帽的开孔率不够，不能满足流化物料所需的流化风。

（4）回料系统发生故障。

（5）风压不够。

58. 循环流化床锅炉为何要进行严密性试验？

答：因为循环流化床锅炉的炉膛处于正压条件下运行且炉内物料浓度很高，这样极易发生泄漏，而泄漏后又会影响正常运行，所以锅炉的严密性试验是非常必要的。

59. 循环流化床锅炉冷态试验的目的是什么？

答：（1）考察各风机的风量和风压是否与铭牌符合，能否满足燃烧所需的风量和风压。

（2）测定布风板阻力和料层阻力。

（3）检查床内各处流化质量，冷态流化时如有死区应予以消除。

（4）测定料层厚度、送风量与阻力特性曲线，确定冷态临界流化风量，用以估算热态运行时最低风量，为运行提供参数和参考曲线。

（5）检查物料循环系统的性能和可靠性。

60. 冷态试验的内容有哪些？

答：（1）风量的标定包括一次风、二次风、返料风等。

（2）给煤量的标定：测定给煤机转速与给煤量之间关系，确定最小给煤量。

（3）给料量的标定。

（4）各燃烧器油枪出力的标定，油枪雾化情况检查。

（5）风机出力的检查。

(6) 流化床布风均匀性试验。

(7) 布风阻力试验。

(8) 料层阻力与临界流化风量测试。

(9) 返料器试验。

(10) 飞灰再循环系统检查和循环灰量的标定。

(11) 给煤、灰筛分试验以及物料堆积密度试验。

61. 影响循环流化床锅炉启动速度的主要因素是什么？

答：(1) 床层的温升速度。

(2) 汽包受压部件金属壁温的上升速度。

(3) 炉膛和分离器耐火材料的温升速度。

62. 床温的高低对运行有何影响？

答： NO_x 排放、燃烧效率和脱硫效率与床层温度都有一定关系。

当床层温度升高时，NO_x 的排放量上升。当床温高于 850℃时，床温升高，脱硫效率很快下降。床温上升，燃烧效率有所提高。根据研究成果，床温上升，N_2O 会有所下降。

63. 料层厚度对循环流化床锅炉运行有何影响？

答： 料层厚度对循环流化床锅炉的稳定运行有很大影响。料层过薄，料层容易被吹穿而产生沟流。流化不均而引起局部结渣，料层过厚会增加风机压头，气泡增大，扬析量增大，从而影响锅炉效率。因此，料层厚度应维持在适当的范围，一般认为 500mm 左右为好。

64. 排放冷渣时应注意哪些问题？

答： 不要一次排放太多，以免影响床温使料层过薄，故要求司炉做到勤排少排，排放冷渣后把冷渣门关严，以免漏入冷风而引起冷渣管结渣。

65. 循环流化床锅炉低负荷控制调节的重点是什么？

答： 低负荷运行操作的关键是及时调节一次风、二次风比，控制布风板下进入炉内的一次风量足以使物料处于流化状态。提高一次风率和提高密相区床温，从而提高和保证燃烧效率。低负荷下提高一次风率会增加对物料的携带，有利于床温上升，使其燃烧效率得到有效提高。

66. 循环流化床锅炉的给料粒度对其运行有何影响？

答： 炉内的燃烧及脱硫效率均受给料粒度的影响。小颗粒的反应速度通常大于大颗粒的，然而其停留时间较短，其外部传热系数也要大于大颗粒的传热系数。

另外，给料粒度过大，则飞出床层的颗粒量减少，使锅炉不能维持正常的通料量，造成锅炉出力不足。大块给料还会造成床内的结焦。

67. 给料水分对循环流化床锅炉运行有何影响？

答：（1）高水分细颗粒燃料流动性差，很容易导致给煤机和给料机中的堵塞。

（2）水分过大使锅炉的排烟热损失增加，锅炉效率降低。

（3）水分增加时，由于蒸汽所吸收的汽化潜热增加，床温下降。导致给煤量增加。

68. 回料阀堵塞的危害有哪些？

答： 回料阀是循环流化床锅炉的关键部件之一，如果回料阀突然停止工作，会造成炉内循环物料量不足，汽温、汽压急剧降低，床温难以控制危及正常的运行。为防止燃料堵塞，保证锅炉稳定、安全运行。应勤检查，勤调节，及时发现问题，及时处理。

69. 如何防止回料阀堵塞？

答： 为避免此类事故的发生，应对回料阀进行经常性检查。监视其中的物料温度，特别是采用高温分离器的回料系统，选择合适的流化风量和松动风量，并防止回料阀处漏风。

70. 循环流化床锅炉压火时，应注意什么？

答： 压火前需要在锅炉最低稳定负荷运行一段时间。

压火时，锅炉热容量较大，要注意汽包水位，关闭排污阀，以维持一定水位。为使料层尽量少散失热量，保证炉墙不在压火时骤然冷却。压火后应尽快将引风机挡板和所有门孔关闭，防止冷风漏入炉膛。

71. 循环流化床锅炉炉内脱硫过程怎样？

答：给煤中的硫分在炉膛内反应生成 SO_2 及其他一些硫化物，同时一定粒度分布的石灰石送入炉膛，这些石灰石被迅速地加热，并发生燃烧反应，产生多孔疏松的 CaO，SO_2 扩散到 CaO 的表面和内孔，在有氧气参与的情况下，CaO 吸收 SO_2，并生成 $CaSO_4$，即

$$CaCO_3 \longrightarrow CaO + CO_2$$
$$CaO + SO_2 + 1/2O_2 \longrightarrow CaSO_4$$

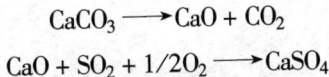

72. 影响氮氧化物排放的主要因素有哪些？

答：（1）温度的影响。

随着床温的升高，NO_x 排放量增加，N_2O 排放量降低。

（2）分级燃烧的影响。

分级燃烧时，NO_x 排放量大为减少。对 N_2O 排放的影响取决于分级燃烧对悬浮空间温度的影响，当温度升高时 N_2O 排放量降低；当温度降低时 N_2O 排放量增加。

（3）飞灰再循环的影响。

在烟气含氧 4%，二次风率为 15%，Ca/S 比为 1.95 及床温 880℃燃烧烟煤的条件下，实验得出，随着飞灰循环比的增加，NO_x 排放量显著降低，N_2O 排放量则显著增加。

（4）石灰石脱硫的影响。

在烟气含氧为 4%，二次风率为 15%，Ca/S 比为 1.95，床温为 880℃燃烧烟煤条件下，采用石灰石脱硫时，实验得出，NO_x 排放量增加，而 N_2O 排放量降低。

（5）炉膛高度的影响。

随着炉膛高度增加 NO_x 浓度急剧降低，而 N_2O 浓度则有较大升高。

（6）燃料性质的影响。

燃料氮含量越高，则 NO_x 和 N_2O 排放量也越高。

参 考 文 献

[1]　刘笃鹏，李朝钢．电工学．北京：水利电力出版社，1992
[2]　蒋玉琴．电厂金属材料基础．北京：水利电力出版社，1993
[3]　陈兴华．水力学．泵与风机．北京：水利电力出版社，1987

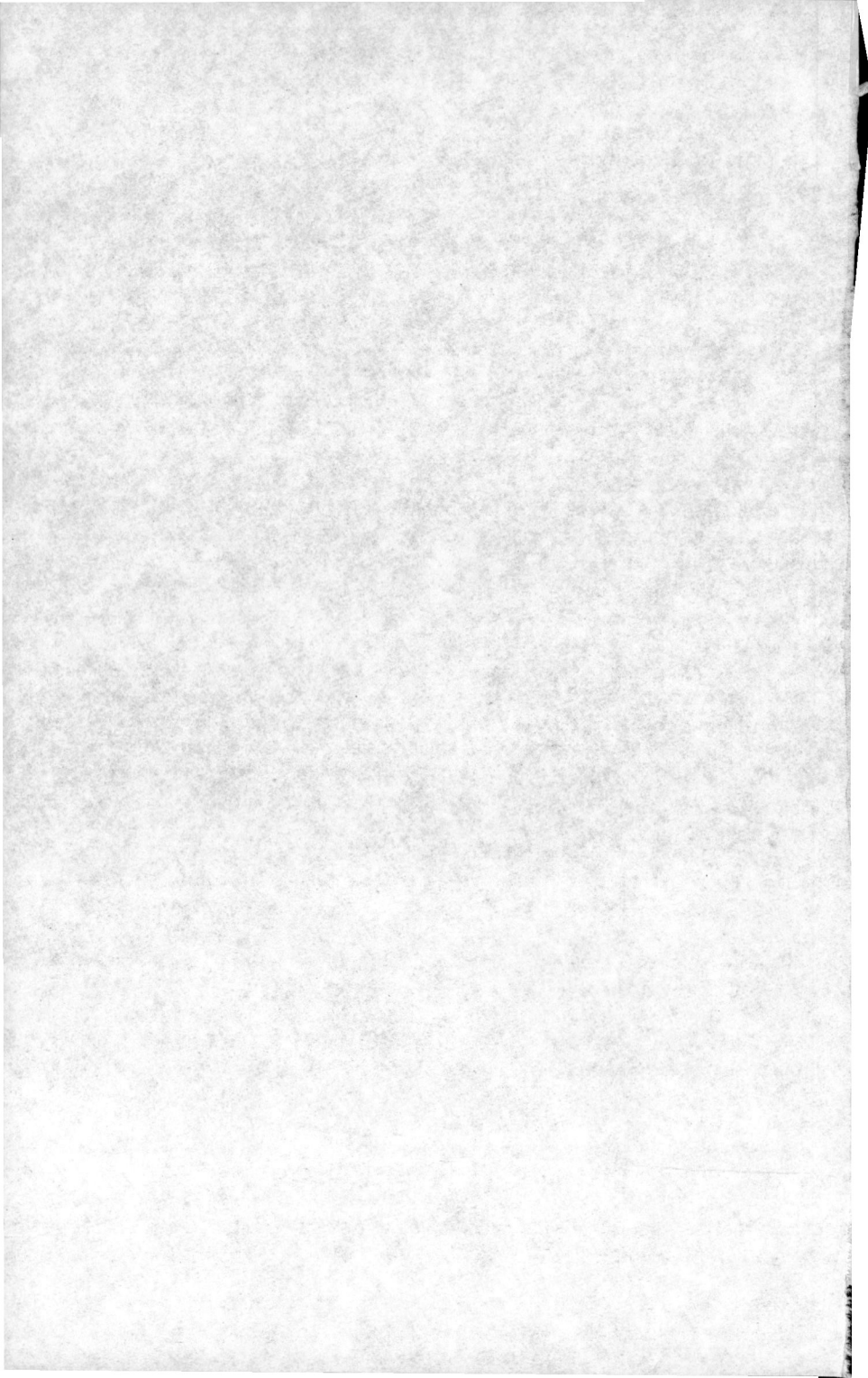